U0273389

世赛成果转化系列教材

管道与制暖技术与应用

主　编　李本勇　严开淋
副主编　郑新浪　朱　彬　刘艳立
参　编　郑　科　李　盛　陈　锋　吴　旺　易光辉　王丽梅
　　　　张树元　邓明杰　周学军　杨亚琴　郑端阳　吕玉国
　　　　刘江彩　郑春禄　罗智骁　王亮亮　刁秀珍　古　毅
　　　　冯禹程
主　审　叶　铜

机械工业出版社

本书以 DLDS-PH5738A 管道与制暖平台为载体，按照项目驱动模式和以行动为导向的职业教育理念进行编写。全书分为三个模块，即 DLDS-PH5738A 管道与制暖平台、管道与制暖系统设计、DLDS-PH5738A 管道与制暖平台基本技能训练。书末附有管道与制暖竞赛评分标准、施工工具的使用方法、竞赛主要器具安装说明和典型案例分析等。

本书可作为技师学院、高级技工学校管道与制暖技术、管道工程技术专业的教材，也可作为参加管道与制暖项目竞赛师生的参考用书。

图书在版编目（CIP）数据

管道与制暖技术与应用/李本勇，严开淋主编. —北京：机械工业出版社，2020.1（2023.8 重印）
世赛成果转化系列教材
ISBN 978-7-111-64614-3

Ⅰ.①管… Ⅱ.①李… ②严… Ⅲ.①供热管道—管道施工—职业教育—教材 Ⅳ.①TU833

中国版本图书馆 CIP 数据核字（2020）第 019221 号

机械工业出版社（北京市百万庄大街 22 号 邮政编码 100037）
策划编辑：陈玉芝 王振国 责任编辑：陈玉芝 王振国
责任校对：张 力 封面设计：陈 沛
责任印制：单爱军
北京虎彩文化传播有限公司印刷
2023 年 8 月第 1 版第 2 次印刷
184mm×260mm・7.25 印张・178 千字
标准书号：ISBN 978-7-111-64614-3
定价：29.80 元

电话服务   网络服务
客服电话：010-88361066   机 工 官 网：www.cmpbook.com
        010-88379833   机 工 官 博：weibo.com/cmp1952
        010-68326294   金 书 网：www.golden-book.com
封底无防伪标均为盗版   机工教育服务网：www.cmpedu.com

前　言

管道与制暖工程是国民经济基础设施的重要组成部分，是工业生产和广大城乡居民日常生活的"生命线"。管道与制暖工程安装和维护关乎生产安全，更关乎人们的生活质量，由此对管道建设和维护人员的技能水平提出了更高的要求。此外，管道与制暖也是世界技能大赛中的比赛项目，属于结构与建筑类竞赛项目。

在这个"匠心铸梦"的时代，只有全力以赴，才可以取得傲人的成绩。好的成绩必须有好的老师，好的老师必须要有好的蓝本。为了充分发挥"以赛促教，以赛强国"的宗旨，进一步开展管道与制暖技术普及工作，促进各职业院校积极进行专业建设和课程改革，培养更精、更专、更实用的建筑行业精英，更为了满足全国建筑行业对建筑设备工程技术人才的需求，山东栋梁科技设备有限公司携手机械工业出版社，联合世界技能大赛专家、大赛获奖选手，结合多次高水平办赛、参赛的实际经验，依据管道与制暖的技术要求、技术规范和操作流程，总结出一套适合专业教学的系统方法与经验，编撰成本书。

本书以山东栋梁科技设备有限公司提供的 DLDS-PH5738A 管道与制暖平台为载体，按照项目驱动模式和以任务为导向的职业教育理念编写而成。全书共分为三个模块，把应知应会的知识和技能通过任务目标、任务导入、知识链接、任务准备、任务实施、任务测评、知识拓展传授给学生。

本书由中国建筑第八工程局有限公司副总工程师、管道与制暖项目组组长李本勇和重庆五一技师学院严开淋共同担任主编，郑新浪、朱彬、刘艳立担任副主编，全国多所职业院校的骨干教师积极参与了本书的编写，他们是：郑科、李盛、陈锋、吴旺、易光辉、王丽海、张树元、邓明杰、周学军、杨亚琴、郑端阳、吕玉国、刘江彩、郑春禄、罗智骁、王亮亮、刁秀珍、古毅和冯禹程。特别感谢全国技术能手、世界水务协会会员并获得第44届世界技能大赛"管道与制暖"项目优胜奖和香港青年技能大赛"管道与制暖"项目金牌的郑科提供的帮助。另外，在本书编写过程中，山东栋梁科技设备有限公司提供了大力支持，在此表示衷心的感谢！

由于编者水平有限，编写时间仓促，书中难免存在不当之处，恳请读者批评指正，提出宝贵意见和建议，以便本书后续修订时更改。

编　者

目　录

模块一

DLDS-PH5738A管道与制暖平台

任务一 初识 DLDS-PH5738A 管道与制暖平台

【任务目标】

1. 掌握管道与制暖平台各模块的组成。
2. 掌握管道与制暖平台本体的结构特点。
3. 掌握管道与制暖平台本体的搭建方法。

【任务导入】

现有一套管道与制暖平台的平面展开图、模型立体图、装配工艺图及一些零散的零部件和相关配件，试搭建一个管道与制暖的安装平台。

【知识链接】

DLDS-PH5738A 管道与制暖平台由山东栋梁科技设备有限公司自主研发，2018 年经国家指定的专家检验检测合格后，被人力资源和社会保障部指定为国家级一类大赛专用设备。它由平台本体、钳工台、物料架、移动工具车等部分组成。

一、DLDS-PH5738A 管道与制暖平台的主要技术参数

1) 工作电源：AC 220V、50Hz。
2) 重量：400kg±30kg。
3) 外形尺寸：5700mm（长）×3800mm（宽）×2500mm（高）。

正面面板（A）：长×3582mm（宽）×2370mm（高）。

左面面板（B）：长×1782mm（宽）×2370mm（高）。

左背面板（C）：长×2000mm（宽）×1752mm（高）。

左面展示平台（D）：长×2000mm（宽）×982mm（高）。

为了保证空间的充分利用，以及与世界技能大赛环境相一致，要求设备外形为"Z"形结构，台体由钢骨架组成，结构稳定，不易变形，便于组装；操作模块墙由优质生态板组成，可多次操作，并且可随意更换。

4) 工位数：2 个。
5) 最大功率消耗：≤1.0kW。

二、平台组成及功能描述

1. 平台本体

（1）结构组成　平台本体包括"Z"字形框架、生态板木板及各部件连接用螺栓等组成，如图1-1所示。

（2）功能与作用　该平台主要用于各类院校进行管道与制暖项目比赛，通过管道与制暖系统的管道安装、设备安装、系统设计、压力测试等操作，使学生具备管道安装、设备安装、管道设计、管道检测、维修维护等综合能力。

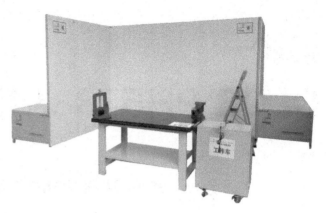

图1-1　DLDS-PH5738A 管道与制暖平台本体

【注意事项】平台本体搭建完成后，用水平仪对其进行水平调整，以保证各个面在同一平面内。

2. 平台套件

（1）结构组成　平台套件包括工作台、工具箱、物料架、铝合金人字梯、PE管、铝塑管、不锈钢管、铜管、球阀、循环泵、弯头、三通、对丝、花洒、洗手盆和马桶，以及制暖设备壁挂炉、暖气片和太阳能等。

（2）功能作用　平台套件用于完成各相关安装任务的重要组成部分。

【注意事项】任务作业之前，认真地清点各部件，以防有遗漏之处，给后续任务带来不便。

【任务准备】

一、平台本体装配材料的准备

根据任务单，索取装配领料单，配合两三名人员，借用小推车，到仓库和半成品库领取平台全部配件。平台本体部分配件清单见表1-1。

表1-1　平台本体部分配件清单

序号	名称	型号规格/材质	数量	单位
1	平台	部装图	2	块
2	台体骨架	部装图	2	块
3	连接螺栓	M10×25	36	个
4	面板A	高密度多层板	4	块
5	面板B	高密度多层板	4	块
6	面板C	高密度多层板	4	块
7	展示台前楣板	Q235A	2	件
8	展示台左侧盖	Q235A	2	件
9	展示台左侧盖	Q235A	2	件

（续）

序号	名称	型号规格/材质	数量	单位
10	加厚重型金属地脚	M12×45（底盘 ϕ60mm）	20	个
11	钳工台支撑	Q235A	4	件
12	钳工台台面		2	张
13	内六角圆柱头螺钉	M8×10	24	个
14	物料架		2	个
15	移动工具车		2	个

二、平台装配工具的准备

管道与制暖平台装配用工具清单，见表1-2。

表1-2　管道与制暖平台装配用工具清单

序号	名称	型号规格	数量	单位	外形
1	铝塑管剪刀	16~32mm	2	把	
2	直角尺	300mm	2	件	
3	锯弓	12in	2	把	
4	锯条	24齿（93407）	10	条	
5	盒尺	5m	2	件	
6	数显水平尺	600mm	2	把	
7	平板尺A	1.5m	2	把	
8	平板尺B	1.0m	2	把	
9	平板尺C	0.5m	2	把	
10	人字梯	1.2m	2	件	
11	铝塑管卡压工具	ϕ16~20mm	2	把	

（续）

序号	名称	型号规格	数量	单位	外形
12	不锈钢割管器	29958	2	把	
13	弯管器	φ22mm（外径）用	2	把	
14	弯管器	φ16mm（外径）用	2	把	
15	PE 管割刀	50-110	2	把	
16	PE 管热熔焊接机	MINI160Y	1	件	

三、图样识读

【专家建言】工欲善其事，必先利其器。安装之前仔细研究各类装配图样并核对所有配件，做到万无一失；弄懂任务中的要求，看清结构再下手也不迟。

1. 识读平台布局示意图

平台布局示意图如图 1-2 所示。

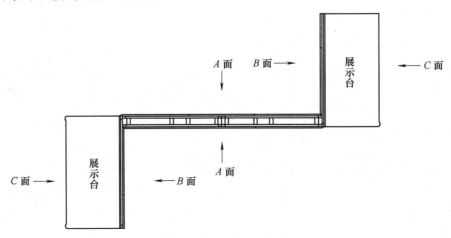

图 1-2　平台布局示意图

2. 识读平台总装效果图

平台总装效果图如图 1-3 所示。

【任务实施】

【专家建言】进入车间或危险区域，应穿防砸鞋、防滑手套、专业工装，在保证人身安全的情况下进行操作。

1）团队合作，3~5 人共同完成，选定项目带头人，然后做好每个人的分工。

2）将半成品和连接螺钉摆放整齐。

3）按布局示意图找出设备的摆放位置。

4）组装骨架。

5）安装模块墙。

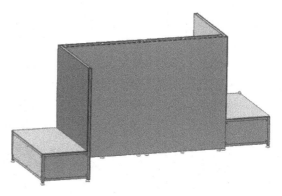

图1-3　平台总装效果图

【专家建言】平台搭建的好与坏，直接影响下一个单元的工作任务，所以每个环节不容忽视，认真是做事的良好态度。

6）现场管理。按照车间管理要求，对装配完成的对象进行清洁，对工作过程产生的二次废料进行整理，以及做好工具入箱、垃圾打扫等工作。

【知识拓展】

此平台可用于卫浴设备、采暖管道、燃气管道、冷热水管道、排水管道、采暖设备、太阳能系统等的安装训练。

任务二　项目的组织与管理

【任务目标】

1. 了解项目概况并进行实施条件分析。
2. 制订项目施工计划并进行施工管理。
3. 掌握质量与安全管理体系。
4. 掌握环境保护与文明施工体系。

【知识链接】

一、项目概况及实施条件分析

1. 项目背景概况分析

随着社会经济的发展、城市建设的扩张和生活水平的提高，城镇老旧管道改造的存量和增量逐年加大，人们对社会基建设施也有了更高的要求。高质量的给水、排水、卫生设施、供暖等管道系统变得越来越重要。这一项目内容涉及采暖管道、燃气管道、冷热水管道、排水管道等的设计与安装。

2. 实施条件分析

住宅和工业场地给水、排水、供暖、太阳能等管道系统的设计及安装，其中包含了多种材料的操作及安装，如不锈钢管、铝塑管、铜管、HDPE管、碳钢管等材料。

二、项目施工计划与管理

（1）项目计划完成时间　项目计划22h完工，已进入施工现场做好项目开工前的各项准备工作。为了保证各系统之间的工序井然有序，尽快完成项目，结合现场实际情况，安排各系统施工计划如下：

1）系统一：毛巾架的设计制图、制作与安装 1.5h。

2）系统二：排水系统的制作与安装 3.5h。

3）系统三：采暖系统的制作与安装 3.5h。

4）系统四：燃气系统的制作与安装 2.5h。

5）系统五：冷热水系统的制作与安装 3.5h。

6）系统六：太阳能系统的制作与安装 5h。

7）系统七：地暖系统的制作与安装 2.5h。

（2）前期准备工作　包括各工艺之间的工具设备使用情况、交叉作业等。

1）熟悉施工前的项目质量：现场查看设备、材料及机组等情况，了解标准及使用情况，以便为操作验收工序提供依据。

2）填写及核对设备材料计划表：对于项目的设备材料计划表，应按照各个系统。各个任务点来划分，详细与图样核对，包括所需管材长度。

3）组织和施工：经过专业培训，明确任务内容，在工程组织结构、技术、质量保证、质量检验和特殊工序上需要认真仔细。

4）正确使用机具及养护：配合和使用合适的实验、检验、计量施工，合适的施工空间，对设备工具进行专业保养。

（3）团队合作

1）团队各成员之间要做到遇事多交流、沟通，分工要明确，每完成一个任务必须与团队其他人员说明，避免同一工种重复进行。

2）各项目执行情况要有明确的标识，避免漏做。

3）每位成员要做到及时补位，避免不会做。

4）设定阶段性闹铃，提示完成进度，最后 5min 抓紧清理工作环境，以及完成任务书和工位号的填写，工具的整理、场地打扫等，不要出现不必要的扣分项。

三、质量与安全管理体系

1. 项目质量目标

项目质量评判标准如下：

1）按照项目要求，在设备上正确安装各类管道与设施。

2）安装位置正确，固定牢固，干净整洁，没有泄漏。

3）进行压力试验时，能保持规定时间内的压力值稳定，管材与管件连接处无泄漏。

4）压力试验必须在该模块竞赛时间内完成，可自行操作进行 0.2MPa 的压力试验并进行修正，自我检测无误后进行压力试验。

5）排水系统制作完毕且检查无误后，进行灌水试验，无渗漏者为合格。

2. 安全管理体系

1）根据工作任务，正确选用合适的个人防护装备。

2）选用合适的工具，安全地进行每项工作。

3）进行焊接工作时，采取正确的防护措施。

4）使用电动工具时，采取合适的安全防护措施。

四、环境保护与文明施工体系

1. 文明施工

1）严格按照施工指导书进行施工，现场施工合理，场地清洁有序。

2）工序排布合理，工序明确，杜绝瞎乱操作、违章作业。

3）施工机械、设备完好且清洁，安全操作。

4）施工时，材料、设备、工具等摆放整齐。

5）每个作业系统做到"工完、料尽、场地清"，清理并移除材料、废料、垃圾等。

2. 环境保护

1）环境整洁卫生，体现绿色环保，严格遵守规则，提高安全意识和卫生意识，按要求穿戴工作服装、安全鞋、手套、安全眼镜等劳保用品，遵守职业规范。

2）所有相关人员必须保持场地整洁。交通路线、走廊、楼梯、紧急疏散通道、灭火器及其他救生设备的周边必须保持畅通无障碍，保洁人员要保障工作场所整体的环境卫生，体现安全、整洁、有序，将垃圾分类处理。

3）将废弃物降至最低水平，多余废弃的管材等要放入指定垃圾桶内。

4）项目设计和筹备工作要遵循可持续发展的原则，耗材回收有序，设备循环使用。

【任务测评】

项目完成后需由专人按照验收标准来检测和项目验收。

模块二
管道与制暖系统设计

【模块目标】

1. 掌握系统设计的正确方法。
2. 掌握耗材需求量的计算方法。
3. 熟练绘制施工系统图样。

【任务导入】

管道与制暖项目设计是为房屋及工业场地安装给水、排水、卫浴设施、供暖等管道系统，包括不锈钢管、铜管、铝塑复合管等管道。在安装过程中，一般使用各种管接头连接、专用配件连接、卡压连接、螺纹连接和焊接等连接方式。对管道与制暖技能的展示与评判，学生需掌握实际安装操作所必备的理论知识，具有相应的知识水平，包括管道与制暖相关国家标准、行业规范、工程设计知识、安装知识、图形符号、常用器材规格和型号。应具备的相关知识与技能有：

1）掌握管道与制暖相关的设计要求及其相关国家标准、设计规范。
2）具有一定的管道与制暖专业知识，能够准确地理解技术标准。
3）具备管道与制暖施工与测试的能力，以及故障检测、分析、维护的能力。
4）能正确选择材料、消耗物品与配套器材，并能熟练使用各类工器具。
5）了解行业安全标准和竞赛安全标准。
6）注重质量，关注细节。

任务一　管道与制暖系统在给定参数内的室内设计

一般来讲，给定参数内的设计是指房间面积、安装位置已经确定，然后在这个基础上进行室内的水路、燃路、风路、热路、太阳能五大系统的室内设计。其中，水路设计主要包括供水系统的设计、排水系统的设计、冷热水系统的设计等，由此又衍生出洗漱间毛巾架的设计。燃路设计就是室内天燃气供给与安全防护的燃气系统设计。热路系统的设计主要是指室内供暖系统的设计，供暖方法可以采用集体供暖管路和地暖系统。风路是指排风管道，这个不是室内设计的重点，它是在建筑施工过程中就已考虑好了，后期只要把排风管路接入排风管道中即可。太阳能系统的设计是新能源的一种，它包括太阳能热水、太阳能发电、太阳能取暖等。

【知识链接】

一、供暖系统的设计

1. 供暖系统认识

供暖系统向室内供给相应的热量，维持室内所需要的温度。这种向室内供给热量的工程设备，具有强大的供暖功能，能够满足房间采暖要求，并且能够供应大流量恒温的生活热水。

2. 了解供暖系统的功能原理

供暖系统由壁挂炉进行加热，共有两条管路系统：一供一回。其中，供水管路由壁挂炉到暖气片、毛巾架；回水管路由暖气片、毛巾架回到壁挂炉，并进行加热。这一系统是个闭路循环系统，故需增加循环泵。

3. 供暖系统的工作原理

供暖系统将热媒携带的热量传递给房间内的空气，补偿房间的热耗，以达到维持房间一定空气温度的目的。它分为电地暖和水地暖。其中，电动采暖供热系统所消耗的能量是电；水地暖是以热水为热媒，在加热管内循环流动以加热地板或者暖气片，通过地面辐射传热向室内供热的方式。

4. 确定使用材料

设计供暖系统时可采用不锈钢管及管件。供暖系统涉及模块选材（包含壁挂炉的选材），原则上该系统选用不锈钢管（16mm/22mm）或铜管（16mm/22mm），以及其管件、暖气片、管卡、毛巾架的制作安装等。

5. 图样设计

采暖系统图样设计如图 2-1 所示。

图样设计的原则如下：

1）通过室内面积、室内供热达到 25~30℃ 所需要的时间，然后计算出暖气片的大小和数量。

2）确定管路施工路径，以成本最低、工作量最少、尽量少占用空间为基准。

二、太阳能系统的设计

太阳能是最绿色环保的能源，管道与制暖平台中就用到了太阳能系统供热。

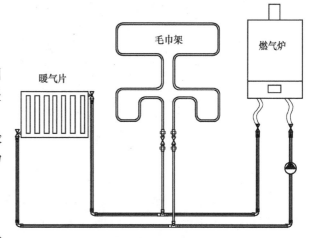

图 2-1　采暖系统图样设计

1. 设计依据

1）《建筑给水排水设计规范（2009 年版）》（GB 50015—2003）。

2）《民用建筑太阳能热水系统应用技术标准》（GB 50364—2018）。

3）《太阳热水系统设计、安装及工程验收技术规范》GB/T 18713—2002。

2. 设计参数

（1）气象参数

1）年太阳辐照量：水平面为 4657.516MJ/m²；30°倾角表面为 4913.953MJ/m²。

2）年平均日辐射量：水平面为 12.736MJ/m²；31.4°倾角表面为 13.447MJ/m²。

3）年平均每日的光照小时数：5.5h。年平均温度为 15.7℃。

（2）热水设计参数　主要包括：日最高用水定额为 100L/（人·d）；日平均用水定额为 60L/（人·d）；设计热水温度为 60℃；设计冷水温度为 17℃。

（3）常规能源费用　主要包括：电价为 0.86~1.8 元/（kW·h）（2018 年工业价格）；天然气价格为 2.63 元/m³（2018 年北京价格）。

（4）太阳能集热器的性能参数　主要包括：集热器的类型为真空管集热器；集热器的规格为 1.81m²。

3. 太阳能系统的功能原理

当阳光透过玻璃盖板照在平板集热器上时，其中大部分太阳辐射能够被吸收体所吸收，转变为热能，并传向流体通道中的介质，通过自然循环或强迫循环，而将储水箱内的水通过热传递的方式加热，如图 2-2 所示。

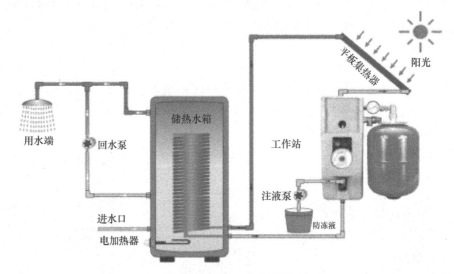

图 2-2　太阳能供热原理

4. 工程设计

（1）建筑说明　本工程位于某住宅小区，地理位置为北纬 31°31′和东经 121°26′。该建筑为三室二厅，正南朝阳，平面屋顶，建筑面积为 140m²，一卫生间一个厨房，热水点共四个。

（2）生活热水供应　设计的太阳热水系统为局部（独立）间接供水系统，24h 全日供应热水，设置的单水箱既作为储热水箱又作为供水箱；太阳能集热器通过预埋件以嵌入式安装在楼顶上，水箱放置在卫生间，辅助电源为电加热器。

（3）热水系统负荷的计算

1）用水人数：该用户用水人数为 3 人。

2）系统日用热水量计算：

$$q_{rd} = q_r m$$

式中　q_{rd}——日用热水量（L/d）；

　　　q_r——热水用水定额［L/（人·d）］；

　　　m——用水计算单位人数（人）。

　　例如，$m=3$ 人，$q_r=100L/（人·d）$，则 $q_{rd}=300L/d$。

　　3）系统平均日用热水量计算：

$$Q_w = q_w m$$

式中　Q_w——平均日用热水量（L/d）；

　　　q_w——平均日热水用水定额［L/（人·d）］；

　　　m——用水计算单位人数（人）。

　　例如，$m=3$ 人，$q_w=60L/（人·d）$，则 $Q_w=180L/d$。

　　4）小时耗热量计算：

$$Q_h = K_h \frac{m q_r c \rho (t_r - t_L)}{86400}$$

式中　Q_h——小时热耗量（W）；

　　　m——用水计算单位人数（人）；

　　　q_r——热水用水定额［L/（人·d）］；

　　　c——水的比热容，$c=4187J/（kg·℃）$；

　　　ρ——热水密度（kg/L）；

　　　t_r——热水温度（℃）；

　　　t_L——冷水温度（℃）；

　　　K_h——小时变化系数，通过表查取用户小时变化系数为 4.21。

　　例如，$m=3$ 人，$q_r=100L/（人·d）$，$c=4187J/（kg·℃）$，$\rho=1kg/L$，$t_r=60℃$，$t_L=17℃$，则 $Q_h=2631.85W$。

　　5）热水供水管的秒流量 q（单位：L/s）计算：住宅建筑生活热水供给主管道的秒流量，应按下列步骤和方法计算。

　　①计算出最大用水时卫生器具给水当量平均出流概率：

$$U_o = \frac{q_r m K_h}{0.2 \times N_g T \times 3600} \times 100\%$$

式中　U_o——热水供应管道的最大用水时卫生器具给水当量平均出流概率（%）；

　　　m——用水计算单位人数（人）；

　　　q_r——热水用水定额［L/（人·d）］；

　　　K_h——小时变化系数；

　　　N_g——每户设置的卫生器具给水当量数，带混合水嘴的浴盆 2 个，带混合阀的淋浴器 1 个，带混合水嘴的洗涤盆 1 个，带混合水嘴的洗脸盆 3 个，总干管 $N_g=1.2×2+0.75×1+0.75×1+0.75×3=6.15$；

　　　T——用水时数（h）；

　　　0.2——单个卫生器具给水当量的额定流量（L/s）。

例如，取 $m=3$ 人，$q_r=100L/(人 \cdot d)$，$K_h=4.21$，$N_g=6.15$，$T=24h$，则 $U_o=1.188\%$。

② 计算管段上的卫生器具给水当量同时出流概率：

$$U = \frac{1 + a_c(N_g - 1)^{0.49}}{\sqrt{N_g}} \times 100\%$$

式中　U——计算管段的卫生器具给水当量同时出流概率（%）；

a_c——对应于不同 U_o 的系数，查《建筑给水排水设计规范（2009 年版）》（GB 50015—2003）附表可知 $a_c=0.01082$；

N_g——计算管段的卫生器具给水当量总数。

例如，取 $a_c=0.01082$，$N_g=6.15$，则 $U=41.3\%$。

③ 计算管段的设计秒流量：

$$q_g = 0.2UN_g$$

式中　q_g——计算管段的秒流量（L/s）；

U——计算管段的卫生器具给水当量同时出流概率（%）；

N_g——计算管段的卫生器具给水当量总数 6.15。

则　$q_g=0.51L/s$。

5. 图样设计

1）太阳能储热系统：太阳能对集热器内的水加热，当集热器顶部温度传感器的温度达到设定温度，且储热水箱内温度传感器的温度也达到设定温度时，电磁阀打开，利用自来水的压力把集热器内的热水顶入储热水箱，当集热器顶部温度传感器的温度小于设定温度时电磁阀关闭。通过这样一个不断重复的过程把太阳能转化成热能；当储热水箱内水满时，集热器顶部温度传感器的温度大于设定水温时不打开电磁阀，而打开水泵，对储热水箱内水循环加热；当储热水箱内水位低于下限水位时，打开电磁阀，给储热水箱快速补水到设定水位；当储热水箱的温度低于设定温度时，起动电加热到设定温度时停止；当集热器底部温度传感器的温度低于5℃时，起动水泵，进行防冻循环，保证管道安全。

2）恒温供水系统：为了实现24h供热水，设置了一套恒温供水系统。恒温水箱利用电辅助系统保持恒温水箱内的水恒温，并进行管路定温循环，从而保证用户24h内即开即热。

3）系统自动补水：当用户用水，恒温水箱内水位下降，水位传感器检测到水位下降时，补水泵和电磁阀起动，将储热水箱内的水抽到恒温水箱内。

定温管路循环：当供水管路内的水温小于设定水温时，管路电磁阀打开，将热水管路中的低温水放入储热水箱内。

太阳能储热系统图样设计如图2-3所示。

（1）图样设计的原则

1）根据实际位置，太阳能水箱的出水情况进行设计。

2）确定管路的施工路径，以成本最低、工作量最少、尽量少占用空间为基准。

（2）确定使用材料　设计太阳能系统时应采用不锈钢管、铜管、铝塑管及管件，原则上应选用不锈钢管（16mm/22mm）或铜管（16mm/22mm）与铝塑管（16mm/20mm），以

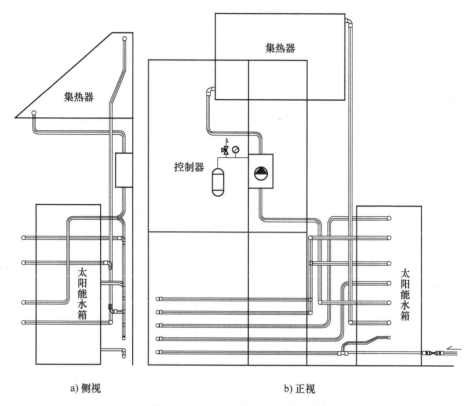

a) 侧视　　　　　　　　　　b) 正视

图 2-3　太阳能储热系统图样设计

及管件、管卡。

三、供水、排水、卫浴系统的设计

1. 冷热水、排水、卫浴系统原理

1）冷水：由市政给水供给用水终端，如太阳能水箱、台盆、淋浴和马桶等。

2）热水：经过太阳能系统的处理，先将冷水转换成热水，再供给到生活热水用水终端。

3）恒温供水：恒温控水阀将冷水与热水自动调节到合适的温度后输送到水龙头。

4）排水：在同层排水的基础上，根据不同的卫生间布局和合理地敷设管道，达到有效的排水排污标准。

2. 塑料管质量的鉴别

1）接头撞击法：随机选择一段塑料管，用比较坚硬的东西进行撞击，管面会出现变形，如果管子破裂，则为劣质；若变形面不能恢复，则为一般质地；若变形之后可马上恢复至原形，则为优质塑料管。

2）目测法：优质塑料管的色泽及喷码比较均匀，没有色差，圆度误差小于 0.1mm；接口严密，没有粗糙痕迹；内外表面光洁/平滑，不能有明显的划痕、凹陷、气泡、死料、汇流线。

3）触摸法：取一段塑料管将其垂直切断，将手指伸进管内，优质管的管口光滑，没有纹路的感觉，而且管口没有毛边。

3. 确定使用材料

设计冷热水、排水及卫浴系统时应采用铝塑管、PP 管及管件。冷热水、排水及卫浴系统设计模块，原则上应选用铝塑管（16mm/20mm）、PP 管（110mm/75mm/50mm）及其管件、管卡等。

4. 图样设计

供水、排水、卫浴系统设计图样如图 2-4 所示。

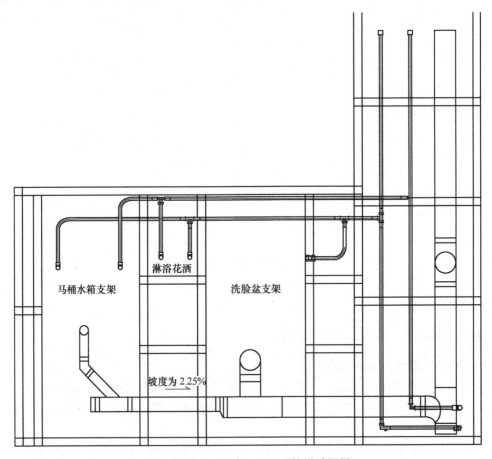

图 2-4　供水、排水、卫浴系统设计图样

图样设计的原则如下：
1）根据卫浴设备的摆放位置，对冷热水、排水进行管路设计。
2）确定管路的施工路径，以成本最低、工作量最少、尽量少占用空间为基准。

四、燃气系统的设计

1. 燃气系统认识

作为一种成熟的家庭采暖设备，燃气壁挂炉在欧洲已经有很多年的使用历史，壁挂炉技术非常成熟。在我国，壁挂炉也经过了十几年的发展，并取得了良好的业绩。除了地暖和暖气片外，燃气壁挂炉还可与中央空调水系统的末端联动使用，既能实现室内取暖、制冷，还能提供生活热水，是一种高性价比的家庭采暖方案。

2. 设计参数和设计依据

（1）设计参数

1）人工煤气：运动黏度 $\nu = 1.88 \times 10^{-5} \, \mathrm{m^2/s}$，$\rho = 0.63 \, \mathrm{kg/m^3}$。

2）天然气：运动黏度 $\nu = 1.838 \times 10^{-5} \, \mathrm{m^2/s}$，$\rho = 0.75 \, \mathrm{kg/m^3}$。

（2）设计依据

1）《建筑给水排水设计规范（2009 年版）》（GB 50015—2003）。

2）《家用厨房设备第 4 部分：设计与安装》（GB/T 18884.4—2015）。

3）《城镇燃气设计规范》（GB 50028—2006）。

双眼灶及热水器的额定用气量或热负荷应根据场景需要进行选择。表 2-1 为低压燃气管道允许的总压降。一般天然气引入管的压力为 1350Pa，人工煤气引入管的设计压力为 1650Pa。

表 2-1　低压燃气管道允许的总压降　　　　（单位：Pa）

序号	项目名称	天然气	人工煤气
1	燃气额定压力	800	1000
2	燃具前最大压力	1200	1500
3	燃具前最小压力	600	750
4	调压站出口最大压力	1350	1650
5	允许总压降	750	900

表 2-2 为居民生活用燃具的同时工作系数 K。

表 2-2　居民生活用燃具的同时工作系数 K

同类型燃具数目 N	燃气双眼灶	燃气双眼灶和快速热水器	同类型燃具数目 N	燃气双眼灶	燃气双眼灶和快速热水器
1	1.00	1.00	40	0.39	0.18
2	1.00	0.56	50	0.38	0.178
3	0.85	0.44	60	0.37	0.176
4	0.75	0.38	70	0.36	0.174
5	0.68	0.35	80	0.35	0.172
6	0.64	0.31	90	0.345	0.171
7	0.60	0.29	100	0.34	0.17
8	0.58	0.27	200	0.31	0.16
9	0.56	0.26	300	0.30	0.15
10	0.54	0.25	400	0.29	0.14
15	0.48	0.22	500	0.28	0.138
20	0.45	0.21	700	0.26	0.134
25	0.43	0.20	1000	0.25	0.13
30	0.40	0.19	2000	0.24	0.12

3. 管材选用

设计天然气系统时应采用铜管管及管件。对于天然气系统设计模块选材，原则上应选用铜管（16mm/22mm）及其管件、管卡等。

4. 流量的计算

选择系统中的最远管段，根据给定的允许压力降及因高程差而产生的附加压头来确定管道的单位长度允许压力降；根据管段的计算流量及单位长度允许压力降来选择标准管径；根据所选的标准管径，求出各管段实际的阻力损失（摩擦阻力损失和局部阻力损失），进而求得主管道总的阻力损失。

在计算支管之前，先检查主管道的计算结果，若总阻力损失接近允许压力降，则认为计算合格；否则要适当变动某些管径，再进行计算，直到符合要求为止。最后，对支管进行水力计算。

5. 室内管道的计算

（1）引入管 引入管是指室外燃气管道与室内燃气管道的连接管，无论是低压燃气引入管还是中压（即自设调压箱的用户）燃气引入管，其布置原则基本相同，一般可分为地下引入法和地上引入法两种，其中地上引入法又分为隧道低立管入户和高立管入户。

新建小区的燃气工程通常考虑建筑的整体美观，并结合当地的气象条件，若工程位于有冰冻期的地方，而且输送湿燃气的引入管一般由地下引入室内，则采用地下引入法。

（2）设置位置 燃气引入管应设置在厨房或走廊等便于检修的非居住房间内，如有困难，可以从楼梯间引入，此时阀门井宜设置在室外。本设计将引入管设置在厨房。

（3）坡度要求 输送湿燃气的引入管，其埋设深度应在土壤冰冻线以下，并有不低于0.01°的坡向凝水器或燃气分配管的坡度。根据城镇燃气规范干燃气可以不设坡度。

（4）补偿方式 当燃气引入管穿过建筑物基础、墙或管沟时，均应将其埋设在套管内。本设计考虑到高层建筑，因其自重会产生一定量的沉降量，燃气引入管自室外进入室内时，此段管段在建筑物沉降过大时会受到损坏，为此，在燃气引入管处采取沉降量的补偿措施。本设计采取在紧贴建筑物基础外侧设置沉降箱。

6. 图样设计

燃气系统图样设计如图2-5所示。

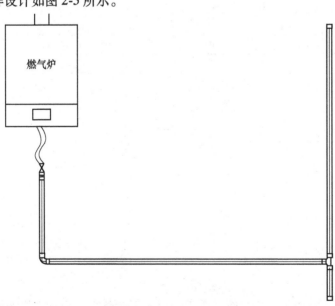

图2-5 燃气系统图样设计

图样设计的原则如下：

1）根据燃气炉的位置，对天然气管路出口情况进行设计。

2）确定管路的施工路径，以成本最低、工作量最少、尽量少占用空间为基准。

五、地暖系统的设计

地暖系统是地板辐射采暖系统的简称。之所以称为地暖系统是因为地暖本身不是单一的产品，地暖一般以系统的形式出现。地暖系统包括热源、管道以及相应的辅材，是舒适、健康的家庭独立采暖方式之一。

1. 确定使用材料

地暖系统原则上选用铝塑管（16mm/20mm）及其管件、管卡等。

2. 图样设计

地暖系统图样设计如图2-6所示。

图样设计的原则如下：

1）根据分水器的分支情况，分水器出口应进行合理的回路设计。

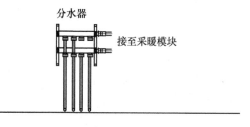
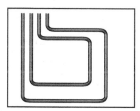

图 2-6　地暖系统图样设计

2）确定管路的施工路径，以成本最低、工作量最少、尽量少占用空间为准。

任务二　估算设备和材料的需求量

一、安装设备的估算

一座建筑物中的某一套房间需要安装供暖、供水、太阳能供热、燃气等系统。首先要跟用户确认他们的需求是什么，只有确定了供暖要求、供水要求、供气要求、供热要求后，才能去设计和进行材料选择。

1）按照设计的管材、管件选择最佳的方案，完成设计模块。

2）合理用料，减少或避免废料、废物的产生。

二、材料准备

供暖材料清单见表2-3，太阳能材料清单见表2-4，供水、排水、卫浴材料清单见表2-5，燃气材料清单见表2-6，地暖材料清单见表2-7。

表2-3　供暖材料清单

序号	名　称	型号规格	数量	单位
1	燃气炉	16L	1	套
2	暖气片	10片	1	套
3	暖气片连接配件	DN15	1	套
4	不锈钢管	ϕ16mm	10	m
5	不锈钢管	ϕ22mm	8	m

（续）

序号	名　称	型号规格	数量	单位
6	不锈钢球阀	DN20	2	个
7	不锈钢球阀	DN15	2	个
8	卡压式不锈钢外螺纹直接头	3/4in×φ22mm	4	件
9	卡压式不锈钢外螺纹直接头	1/2in×φ16mm	6	件
10	卡压式不锈钢90°弯头	φ22mm	2	个
11	卡压式不锈钢90°弯头	116	2	个
12	卡压式不锈钢异径三通	T16×16×22	2	个
13	循环泵	DN20	1	台
14	管卡	M8	20	套
15	内六角圆柱头螺钉	M8×10	24	个
16	不锈钢软管	30cm	2	根
17	外螺纹直接头	3/4in	2	个

注：1in≈2.54cm。

表2-4　太阳能材料清单

序号	名　称	型号规格	数量	单位
1	太阳能设备模组		1	套
2	不锈钢内螺纹直接头	φ22mm×3/4in	2	个
3	不锈钢90°弯头	φ22mm	8	个
4	不锈钢外螺纹直接头	S22×3/4	2	个
5	不锈钢球阀	3/4in	6	个
6	铝塑内螺纹直接头	S20×3/4	2	个
7	铝塑等径三通	φ20mm	1	个
8	铝塑外螺纹直接头	S22×3/4	4	个
9	铜内螺纹直接头	S22×3/4	6	个
10	不锈钢管	φ22mm	8	m
11	铝塑管	φ20mm	10	m
12	铝塑管	φ20mm	10	m
13	铜管	φ22mm	12	m

表2-5　供水、排水、卫浴材料清单

序号	名　称	型号规格	数量	单位
1	PP管	φ110mm	5	m
2	PP管	φ75mm	1	m
3	PP管	φ50mm	1	m
4	PP异径补心	φ110mm×φ75mm	1	个
5	PP等径三通	φ110mm	2	个
6	PP异径斜三通	φ75mm×φ50mm	1	个

（续）

序号	名　　称	型号规格	数量	单位
7	PP 135°弯头	ϕ50mm	1	个
8	PP 90°弯头	ϕ50mm	1	个
9	PP 90°弯头	ϕ110mm	1	个
10	PP 检查口	ϕ110mm	1	个
11	PP 管堵	ϕ75mm	1	个
12	PP 管堵	ϕ110mm	1	个
13	铝塑管，冷水	ϕ16mm	5	m
14	铝塑管，热水	ϕ16mm	5	m
15	铝塑90°弯头	ϕ16mm	2	个
16	铝塑内螺纹 90°弯头	ϕ16mm×1/2in	6	个
17	铝塑等径三通	ϕ16mm	5	个
18	铝塑内螺纹直接头	ϕ16mm×1/2in	3	个
19	不锈钢堵头	1/2in	4	个
20	角阀	1/2in	2	个
21	台盆支架配台盆等配件	水龙头、下水等	1	套
22	淋浴水龙头	1/2in	1	套
23	马桶支架配马桶等配件	马桶、马桶盖等	1	套
24	型材	Tece	1	套
25	管卡	配套	1	套

表 2-6　燃气材料清单

序号	名　　称	型号规格	数量	单位
1	铜管	ϕ22mm	5	m
2	铜管堵	ϕ22mm	2	个
3	铜等径三通	ϕ22mm	1	个
4	铜等径90°弯头	ϕ22mm	1	个
5	铜外螺纹直接头	ϕ22×3/4	1	个
6	不锈钢球阀	3/4in	1	个
7	不锈钢对丝	3/4in	1	个
8	不锈钢软管	30cm，3/4in	1	根

表 2-7　地暖材料清单

序号	名　　称	型号规格	数量	单位
1	分水器	四路，ϕ16mm	1	套
2	铝塑管	ϕ16mm	6	m
3	地暖基座	配合 ϕ16mm 使用	1	套

三、材料需求量的计算

一种产品或服务的需求量，是指它能够满足项目竣工时所需材料的种类、规格型号及数量等。

对于管材等不确定的长度，需求量的计算依据是产品的图样、安装尺寸、安装工艺，另外还要考虑它的加工余量、易损程度等。

对于半成品件或成品件而言，它的数量一般是固定的，与当时设计时的输入要求相关联。

所以在计算需求量时，往往是在理论值的基础上加上一个备份数，这样才能保证施工进度与质量。

任务三　手工绘制施工系统图

一、系统图和布置图的区别

管道系统图与管道布置图最根本的区别是，一个强调"系统"，另一个强调"布置"。

1. 管道系统图

管道系统图不描述管道相对于建筑物的具体安装位置，只指明管道从起端到末端各管段、各配件的连接关系、大致走向、连接顺序，反映干管（主管）与支管的从属关系，并以轴测图的形式来表达这些关系。

2. 管道布置图

管道布置图是按照管道在建筑物中的具体位置，根据工程制图的投影关系，用同一比例尺把管道绘制在建筑物的三个主视图上，并详细地标出各管段的公称直径、长度，各配件的名称、公称尺寸等所得的图样。

二、绘制原则

1）管道展开系统图可不受比例和投影法则的限制，采用展开图绘制方法按不同管道种类分别用中粗实线进行绘制，并按系统编号。

2）管道展开系统图应与平面图中的引入管、排出管、立管、横干管、给水设备、附件、仪器仪表及用水和排水器具等要素相对应。

3）绘出楼层（含夹层、跃层、同层升高或下降等）地面线，层高相同时楼层地面线应等距离绘制，并在楼层地面线的左端标注楼层层次和相对应楼层的地面标高。

4）立管排列应以建筑平面图的左端立管为起点，按顺时针方向自左向右按立管位置及编号依次顺序排列。

5）横管应与楼层线平行绘制，并应与相应立管连接，为环状管道时两端应封闭，封闭线处宜绘制轴线号。

6）立管上的引出管和接入管应按所在楼层用水平线绘出，可不标注标高（标高应在平面图中标注），其方向、数量应与平面图一致，为污水管、废水管和雨水管时，应按平面图接管顺序对应排列。

7）管道上的阀门、附件，给水设备、给水排水设施和给水构筑物等，均应按图例示意绘出。

三、图样绘制

1）设备定位时应结合设计图样，准确地画出设备所在位置，如图 2-7 所示。

2）结合设备位置与设计图样连接设备，大致管路情况走向应表达清楚，如图 2-8 所示。

3）将图样内容补充完整，标注出管件信息、管径及管材材料的种类，如图 2-9 所示。系统图样表达功能原理，对尺寸信息不做具体要求。

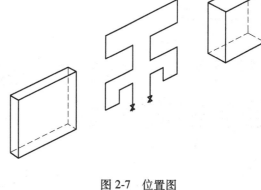

图 2-7　位置图

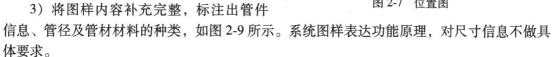

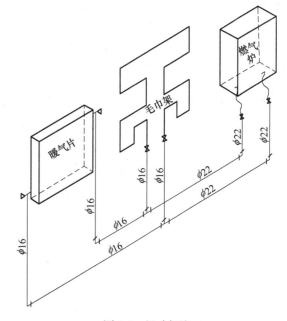

图 2-8　管路连接图　　　　　　　图 2-9　尺寸标注

模块三

DLDS-PH5738A管道与制暖平台基本技能训练

任务一　卫生器具管路原理与安装技能训练

【任务目标】

1. 掌握各类卫生器具的种类和特点。
2. 掌握各类卫生器具的安装工艺要求。
3. 掌握各类卫生器具的安装方法。

【任务导入】

现有一套卫生器具安装图样以及所需要的材料清单，请根据材料清单到库房领取相关材料和工具、量具，然后按照图样要求在 DLDS-PH5738A 管道与制暖平台上完成卫生器具的安装，并进行满水和通水试验。

【知识链接】

一、卫生器具简介

卫生器具是给排水管道系统的一个重要组成部分，是用来满足日常生活中各种卫生要求，收集和排除生活及生产中产生的污（废）水的设备。按作用可将其分为：

1）便溺用卫生器具：如大便器、大便槽、小便器和小便槽等。
2）盥洗、淋浴用卫生器具：如洗脸盆、盥洗槽、浴盆和淋浴器等。
3）洗涤用卫生器具：如洗涤盆、污水盆等。
4）专用卫生器具：如化验盆等。

本次任务使用的卫生器具有坐便器、洗脸盆和淋浴器等。

1. 坐便器

坐便器常设在公共建筑、住宅、旅馆的卫生间内，主要用于收集和排放粪便污水。坐便器采用低位水箱冲洗，其构造本身带有存水弯。常见的坐便器类型有分体式、连体式和壁挂式 3 种，排水方式有下排式和后排式两种。根据冲洗原理，坐便器分为冲洗式和虹吸式两种，如图 3-1 所示。其中，虹吸式坐便器又分为喷射虹吸式坐便器和漩涡虹吸式坐便器。

1）冲洗式坐便器：它完全依靠水的落差所形成的驱动力量将污物排走。其特点是冲洗

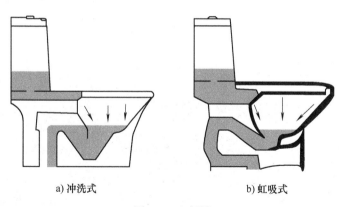

a) 冲洗式　　　　　　　　　　　b) 虹吸式

图 3-1　坐便器

时噪声大，水面小而浅，污物不易冲净而产生臭气。

2）漩涡虹吸式坐便器：以对角边缘出水形成漩涡，形成回水弯管中的快速冲水，触发便桶内的虹吸现象。漩涡虹吸式坐便器有较大的水封表面区，非常安静。水以对角的方式冲压周围边框的外缘，形成向心作用，在便桶中心构成涡流将马桶内污物抽入排污管中，有利于彻底地清洁便桶，如图 3-2 所示。

3）喷射虹吸式坐便器：水通过坐圈和回水弯管前的喷射孔进入，完全充满回水弯管，形成虹吸作用，导致水从便桶中迅速排出，并防止回水在便桶中升起。这种形式在效率上更先进，喷射孔喷射大量的水并立刻引起虹吸作用，如图 3-3 所示。

图 3-2　漩涡虹吸式坐便器

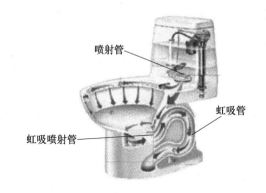

喷射管

虹吸管

虹吸喷射管

图 3-3　喷射虹吸式坐便器

2. 洗脸盆

洗脸盆装置在盥洗室、浴室、卫生间供洗漱用，大多用带釉陶瓷制成。其形状有矩形、三角形、椭圆形，安装方式有墙架式、立柱式、台式。其中，立柱式洗脸盆又称为"柱脚式洗脸盆"，排水存水弯暗装在立柱内，外表美观，如图 3-4a 所示。台式洗脸盆一般为圆形或椭圆形，嵌装在大理石或瓷砖贴面的台板上。其中，脸盆上沿在台面以上的称为台上盆，如图 3-4b 所示；在台面以下的称为台下盆，如图 3-4c 所示。

3. 淋浴花洒

淋浴花洒是大量用于公共浴室、卫生间及体育场馆等处的洗浴设备，具有占地少、造价低、清洁卫生等优点。淋浴花洒分为管件组装式和成品式两类；根据形式不同，淋浴花洒又

a) 立柱式

b) 台上盆

c) 台下盆

图 3-4　洗脸盆

分为手持花洒、头顶花洒和侧喷花洒 3 种，如图 3-5 所示。

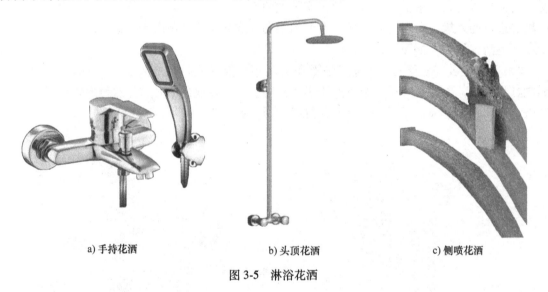
a) 手持花洒　　　　　b) 头顶花洒　　　　　c) 侧喷花洒

图 3-5　淋浴花洒

二、对卫生器具的要求

1）卫生器具的外观应表面光滑，无凹凸不平，色调一致，边缘无棱角、毛刺，端正无扭歪，无碰撞裂纹。

2）卫生器具的材质不含对人体有害的物质，且冲洗效果好、噪声低，便于安装和维修。

3）卫生器具零配件的规格应符合标准，螺纹完整，锁紧螺母松紧适度，管件无裂纹。

三、卫生器具的安装要求

1. 卫生器具本体的安装

1）卫生器具必须牢固、平稳，不歪斜，垂直度偏差不大于 3mm。

2）卫生器具安装位置的坐标、标高应正确。

3）卫生器具应完好洁净，不污损，能满足使用要求。

2. 排水口的连接

1）卫生器具排水口与排水管道的连接处应密封良好，不发生渗漏现象。

2）有排水栓的卫生器具，排水栓与器具底面的连接应平整且略低于底面。

3）卫生器具排水口与暗装管道的连接应良好，不影响装饰美观。

3. 给水配件的连接

1）给水镀铬配件必须良好、美观，连接口严密，无渗漏现象。

2）阀件、水嘴开关灵活，水箱配件动作正确、灵活，不漏水。

3）安装冷、热水龙头时要注意安装的位置和色标，一般蓝色（或绿色）表示冷水，应安装在面向卫生器具的右侧；红色表示热水，应安装在面向卫生器具的左侧。

4）给水连接软管尽可能做到不弯曲，必须弯曲时弯管应美观、不折扁。

5）暗装配管连接完成后，板面应完好，给水配件的装饰罩与板面的配合应良好。

4. 总体使用功能

使用时，给水情况应正常，排水应通畅。如果排水不畅，应检查原因，可能排水管局部堵塞，也可能器具本身排水口堵塞。

四、质量验收标准

1）卫生器具安装工程施工质量验收标准，见表 3-1。

表 3-1　卫生器具安装工程施工质量验收标准

项目	内　　容
主控项目	（1）排水栓和地漏的安装应平整、牢固，低于排水表面，周边无渗漏。地漏水封高度不得小于 50mm。 检验方法：试水观察检查 （2）卫生器具交工前应做满水和通水试验。检验方法：满水后各连接件不渗不漏；通水试验，给水、排水均畅通
一般项目	（1）卫生器具安装的允许偏差应符合表 3-2 的规定 （2）对于有饰面的浴盆，应留有通向浴盆排水口的检修门。检验方法：观察检查 （3）对于小便槽冲洗管应采用镀锌钢管或硬质塑料管。冲洗孔应斜向下方安装，冲洗水流与墙面成 45°角。镀锌钢管钻孔后应进行二次镀锌。检验方法：观察检查 （4）卫生器具的支、托架必须防腐良好，安装平整、牢固，与器具接触紧密、平稳。检验方法：观察和手扳检查

2）卫生器具安装的允许偏差和检验方法，见表 3-2。

表 3-2　卫生器具安装的允许偏差和检验方法

项次	检查项目		允许偏差/mm	检验方法
1	坐标	单独器具	10	拉线、吊线和尺量检查
		成排器具	5	
2	标高	单独器具	±15	
		成排器具	±10	
3	器具水平度		2	水平尺和尺量检查
4	器具垂直度		3	吊线和尺量检查

3）卫生器具给水配件安装工程施工质量验收标准，见表3-3。

表3-3 卫生器具给水配件安装工程施工质量验收标准

项目	内　　容
主控项目	卫生器具的给水配件应完好无损伤，接口严密，启闭部分灵活。检验方法：观察及手扳检查
一般项目	（1）卫生器具的给水配件安装标高的允许偏差应符合表3-4的规定 （2）浴盆软管淋浴器挂钩的高度，如设计无要求，应距地面1.8m。检验方法：尺量检查

4）卫生器具给水配件安装标高的允许偏差和检验方法，见表3-4。

表3-4 卫生器具给水配件安装标高的允许偏差和检验方法

项次	检查项目	允许偏差/mm	检验方法
1	大便器高、低水箱角阀及截止阀	±10	
2	水嘴	±10	尺量检查
3	淋浴器喷头下沿	±15	
4	浴盆软管淋浴器挂钩	±20	

5）卫生器具排水管道安装工程施工质量验收标准，见表3-5。

表3-5 卫生器具排水管道安装工程施工质量验收标准

项目	内　　容
主控项目	（1）与排水横管连接的各卫生器具的受水口和立管均应采取妥善可靠的固定措施；管道与楼板的接合部位应采取牢固可靠的防渗、防漏措施。检验方法：观察和手扳检查 （2）连接卫生器具的排水管道接口应紧密不漏，其固定支架、管卡等支撑位置应正确、牢固，与管道的接触应平整。检验方法：观察及通水检查
一般项目	（1）卫生器具排水管道安装的允许偏差应符合表3-6的规定 （2）连接卫生器具的排水管管径和最小坡度，如设计无要求，应符合表3-7的规定。检验方法：水平尺和尺量检查

6）卫生器具排水管道安装的允许偏差及检验方法，见表3-6。

表3-6 卫生器具排水管道安装的允许偏差及检验方法

项次	检查项目		允许偏差/mm	检验方法
1	横管弯曲度	每1m长	2	
		横管长度≤10m，全长	<8	水平尺和尺量检查
		横管长度>10m，全长	10	
2	卫生器具的排水管口及横支管的纵横坐标	单独器具	10	
		成排器具	5	
3	卫生器具的接口标高	单独器具	±10	尺量检查
		成排器具	±5	水平尺和尺量检查

7）连接卫生器具的排水管管径和最小坡度，见表3-7。

表 3-7 连接卫生器具的排水管管径和最小坡度

项次	卫生器具名称		排水管管径/mm	管道的最小坡度（%）
1	污水盆（池）		50	2.5
2	单、双格洗涤盆		50	2.5
3	洗手盆、洗脸盆		32~50	2
4	浴盆		50	2
5	淋浴器		50	2
6	大便器	高、低水箱	100	1.2
		自闭式冲洗阀	100	1.2
		拉管式冲洗阀	100	1.2
7	小便器	手动、自闭式冲洗阀	40~50	2
		自动冲洗水箱	40~50	2
8	化验盆（无塞）		40~50	2.5
9	净身器		40~50	2
10	饮水器		20~50	1~2
11	家用洗衣机		50（软管为30）	—

五、卫生器具成品保护

1）为了防止堵塞或损坏镀铬零件，应用纸将镀铬零件包好。

2）为了防止配件丢失或损坏，应采取必要的防护措施。

3）合理地调整安装位置，以防拉把、扳把不灵活。

4）卫生器具交付使用前，必须将瓷器表面擦拭干净。

六、卫生器具的安装步骤

1. 画线定位

根据图样画出基准线，确定好卫生器具的安装坐标和标高。

2. 卫生器具的安装

（1）立柱式洗脸盆的安装步骤

1）将排水栓加胶垫后插入脸盆的排水口内，装上止水垫圈，用大开口活扳手或自制扳手把锁紧螺母拧紧；将排水软管安装在排水栓端部。

2）将水嘴垫上胶垫后穿入脸盆进水孔，底部再加垫并用锁紧螺母锁紧；再将冷热水软管拧在水龙头底部进水口上。

3）在冷、热水系统预留的冷、热水管接口上安装三角阀。

4）按照排水管口中心位置在模块墙上画出竖线，立好支柱，将洗脸盆中心对准竖线放在立柱上，用水平尺找平，再用螺栓将洗脸盆固定在模块墙上。

5）将排水软管与排水管接通。

6）将冷、热水软管分别与板面预留的冷、热水管上的三角阀连接。

7）支柱与洗脸盆接触处及支柱与地面接触处用密封胶勾缝，以防止支柱移动。

（2）成品淋浴器的安装步骤

1）将淋浴器阀门对应的曲角（DN15 一端）螺纹缠上生料带，与模块墙上预留的冷、热水管接口对接，用扳手拧紧，调整好两个曲角的中心距离（150mm），并用水平尺找平。

2）将淋浴器阀门上的冷、热进水口与已经安装在模块墙上的曲角试接，若接口吻合，把装饰盖安装在曲角上并拧紧，再将胶垫套入淋浴器阀门，与曲角对齐后拧紧，扳动阀门，测试安装是否正确。

3）将花洒软管六角螺母端旋合在主体上部（或底部）螺纹上，旋合程度要适当，以拧紧后无渗漏为准，不要过度拧紧。

4）将花洒支架用螺栓固定在模块墙的适当高度。

5）花洒软管圆锥端与手握花洒的螺纹拧紧，不要过于用力拧紧。

6）将花洒放置在花洒支架上。

（3）后排式坐便器的安装步骤

1）将坐便器水箱盖取下放好。

2）安装坐便器水箱配件及盖板；将给水软管接到水箱进水阀上。

3）将排污软管大头的密封圈套入坐便器的排污口。

4）在冷、热水系统预留的冷水管接口上安装三角阀。

5）按照排水管口的中心位置在模块墙上画出竖线，将坐便器水箱中心对准竖线，靠在模块墙上，用水平尺将坐便器找平找正。

6）将排污软管小头塞入排水系统预留的排水口内。

7）将坐便器的进水阀软管与三角阀连接。

8）盖上水箱盖。

9）坐便器与地面交会处用密封胶封住，以防止坐便器移动。

七、满水、通水试验

卫生器具安装完毕后，应逐个将卫生器具灌满水，以检查卫生器具的排水栓是否渗漏和溢流孔是否畅通。所有卫生器具均应做通水试验，满水后各连接件不渗不漏，给、排水畅通。

【任务准备】

一、卫生器具及给排水配件的准备

根据材料清单去库房填写领料单，并借用工具推车和工业塑料收纳盒，按照材料清单领取本次任务所需卫生器具及给排水配件。卫生器具及给排水配件材料清单见表3-8。

表3-8 卫生器具及给排水配件材料清单

序号	名称	型号规格	数量	单位
1	立柱式洗脸盆	标配	1	套
2	后排式坐便器	标配	1	套
3	成品淋浴器	标配	1	套
4	面盆水嘴	标配	1	个

（续）

序号	名称	型号规格	数量	单位
5	面盆排水栓	标配	1	个
6	面盆排水软管	标配	1	根
7	冷水三角阀	DN15	2	个
8	热水三角阀	DN15	1	个
9	给水软管	300~400mm	3	根
10	聚四氟乙烯生料带	标配	2	卷
11	聚氨酯密封胶	标配	1	支

二、卫生器具安装工器具准备

根据工器具清单，去工器具库房领取本次任务所需工器具。卫生器具及给排水配件安装工器具清单见表3-9。

表3-9　卫生器具及给排水配件安装工器具清单

序号	名称	型号规格	数量	单位
1	数显水平尺	985D，600mm	1	把
2	充电螺钉旋具	12~18V	1	把
3	卷尺	3~5.5m	1	个
4	钢直尺	1000mm	1	把
5	钢直尺	500mm	1	把
6	活扳手	250mm	2	把
7	大开口活扳手	300mm	1	把
8	锤子	标配	1	把
9	密封胶枪	标配	1	把
10	百洁布	标配	1	块

三、卫生器具的安装

卫生器具布局示意图如图3-6所示。

【任务实施】

1）团队合作，3~5人共同完成，选定项目带头人，然后做好每个人的分工。

2）根据材料清单到材料库房领取卫生器具及配件，根据工器具清单到工具库房领取工器具，并在DLDS-PH5738A管道与制暖平台前有序地摆放整齐。

3）根据图样规划好施工流程，在模块墙上画出基准线。

4）完成各卫生器具与给排水配件的组装。

【专家建言】 安装镀铬的卫生器具给排水配件时，不得使用管钳，应使用扳手加垫布，以保护镀铬表面完好无损；给水配件应安装端正，表面洁净，并清除外露生料带。

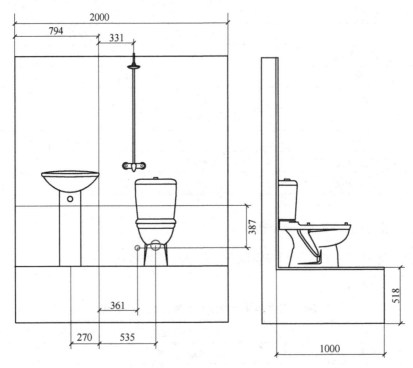

图 3-6 卫生器具布局示意图

5）将组装好的卫生器具摆放到 DLDS-PH5738A 管道与制暖平台上，并与冷、热水系统和排水系统预留的管接口对接。

6）测量调整好尺寸，固定卫生器具。

7）完成满水和通水试验。

【专家建言】通水前，将器具内污物清理干净，不得借通水之便将污物冲入下水管内，以免管道堵塞。

8）现场管理。按照车间管理要求对装配完成的对象进行清洁，对工作过程中产生的二次废料进行整理，完成工具入箱、垃圾打扫等工作。

【任务测评】

【专家建言】在工厂作业完成后，都要进入下一道工序，那就是把装配完成的任务先进行自检，自检完成后填好报送单，委托质检员对产品进行检测，检测合格后方可进行下一道工序。任务评分表见表 3-10。

表 3-10 任务评分表

序号	评分内容	评分标准	配分/分	得分
1	安装位置	坐标误差在 ±10mm 以内为合格	4×0.5＝2	

（续）

序号	评分内容	评分标准	配分/分	得分
2	水平度和垂直度	用60mm的数显水平仪测量，尺寸误差不大于0.5°为合格	4×0.5=2	
3	给水配件安装质量	安装牢固，镀铬无损伤，接口无渗漏	4×0.5=2	
4	排水配件安装质量	排水管插入排水支管后管口吻合，密封严密	2×0.5=1	
5	完成度	在规定时间内完成安装并试验合格	1	
6	满水或灌水试验	排水畅通、接口无渗漏为合格	2	

【知识拓展】

在安装工程中，会经常遇到各种不同型式的卫生器具，请你谈谈在没有相关资料的情况下，如何将这些卫生器具正确地安装到位。

任务二　太阳能模块铜管的焊接与安装技能训练

【任务目标】

1. 掌握太阳能模块的组成与功能。
2. 掌握太阳能模块的安装方法。
3. 掌握铜管的焊接原理与操作。

【任务导入】

现有一套强制循环分体式太阳能集热系统的平面展开图、模型立体图，以及强制循环分体式太阳能集热系统安装的相关配件，请按照图样要求在 DLDS-PH5738A 管道与制暖平台上完成双热源强制循环分体式太阳能集热系统的安装。

【知识链接】

一、初识太阳能热水系统

1. 太阳能热水系统的原理

太阳能热水系统是利用太阳能集热器采集太阳能将储水箱中的水加热的装置。其工作时，太阳能集热器在阳光照射下使太阳的光能充分转化为热能，通过控制系统自动控制循环泵或电磁阀等功能部件，将太阳能集热系统采集到的热量传输到大型储水箱中，并配合适当的电力、燃气、燃油等能源，把储水箱中的水加热。该系统既可提供生产和生活用热水，又可作为其他太阳能利用形式的冷热源。太阳能热水系统（见图3-7）是目前太阳能应用发展中最具经济价值、技术最成熟且已商业化的一项应用产品。

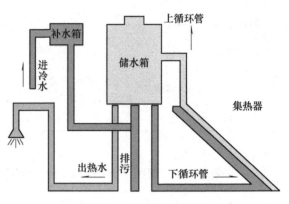

图 3-7　太阳能热水系统

2. 太阳能热水系统的分类

（1）无动力循环太阳能热水系统　这一系统包括集热器、储水箱、可调整支架、换热器。

无动力循环（即热式）太阳能热水系统的运行原理是：真空管内的水遇到阳光辐射后，开始升温，管内的水升温后密度变小，自然循环到储水箱内，这样逐步把储水箱内的水加热，升温后的水储存在具有聚氨酯发泡保温功能的储水箱内。室内带有压力的自来水（冷水）经过储水箱内固定好的波纹管，升温到几乎与储水箱内水温相同的温度后流出，从而获得稳定的、有压力的、洁净的热水。

（2）自然循环太阳能热水系统　这一系统是依靠集热器和储水箱中的温差，形成系统的热虹吸压头，使水在系统中循环；与此同时，将集热器的有用能量通过加热水不断地储存在储水箱内。

在系统运行过程中，集热器内的水受到太阳能辐射而加热，温度升高，密度降低，加热后的水在集热器内逐步上升，从集热器的上循环管进入储水箱的上部。与此同时，储水箱底部的冷水由下循环管流入集热器的底部。这样经过一段时间后，储水箱中的水形成明显的温度分层，上层水首先达到可使用的温度，直至整个储水箱的水都可以使用。

用热水时，有两种取热水的方法：一种是利用补水箱，由补水箱向储水箱底部补充冷水，将储水箱上层热水顶出使用，其水位由补水箱内的浮球阀控制，有时称这种方法为"顶水法"；另一种是无补水箱，热水依靠自身重力从储水箱底部落下使用，有时称这种方法为"落水法"。

（3）直流式太阳能热水系统　这种系统是使水一次通过集热器就被加热到所需的温度，被加热的热水陆续进入储水箱中。在系统运行过程中，为了得到温度符合用户要求的热水，通常采用定温放水的方法。

（4）强制循环太阳能热水系统　这种系统是在集热器和储水箱之间的管路上设置水泵，作为系统中水的循环动力。与此同时，集热器的有用能量通过加热水不断储存在储水箱内。

二、双热源强制循环分体式太阳能集热系统

世界技能大赛管道与制暖竞赛项目采用的太阳能集热系统为双热源强制循环分体式太阳能集热系统。双热源强制循环分体式太阳能集热系统利用太阳能与燃气壁挂炉综合加热的热水供应方式，能有效地提升太阳能的利用范围和时间。该系统主要采取太阳能集热器加热水

罐、壁挂炉辅助加热水罐的方式，在日照不足、热水不足时依靠壁挂炉辅助加热，以此满足随时随地的热水需求。

1. 双热源强制循环分体式太阳能集热系统的组成

双热源强制循环分体式太阳能集热系统主要由平板太阳能集热器、太阳能工作站、双盘管承压水箱、膨胀罐和排气阀等部件组成。

（1）平板太阳能集热器　平板太阳能集热器（见图3-8）是太阳能低温热利用的基本部件，也一直是世界太阳能市场的主导产品。它是一种能够吸收太阳辐射能量并向工质传递热量的特殊热交换器。集热器中的工质与远距离的太阳进行热交换。平板太阳能集热器由吸热板芯、壳体、透明盖板、保温材料及有关零部件组成，如图3-9所示。

图3-8　平板太阳能集热器

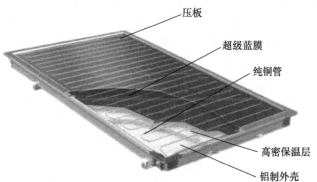

压板
超级蓝膜
纯铜管
高密保温层
铝制外壳

图3-9　平板太阳能集热器的组成

（2）太阳能工作站　太阳能工作站如图3-10所示。它主要用于分体式承压太阳能系统，是整个系统的核心控制部件，能够随时监测循环系统的压力、流量和温差，并且根据进、回工质温差自动调整工作站中循环泵的工作状态，实现太阳能系统的自动运行。太阳能工作站的外形精巧大方、集成度高、安装维护方便，操作简单。

图3-10　太阳能工作站

（3）排气阀　排气阀主要应用在液体介质管道中（见图3-11），起到管道排气的作用。当系统中有气体时，气体会顺着管道向上爬升，最终聚集在系统的最高点，而排气阀一般都安装在系统最高点。当气体进入排气阀阀腔聚集在排气阀的上部时，随着阀内气体的增多，压力不断上升。当气体压力大于系统压力时，气体会使腔内水面下降，浮筒随水位一起下降，打开排气口；气体排尽后，水位上升，浮筒也随之上升，关闭排气口。同样的道理，当系统中产生负压时，阀腔中水面下降，排气口打开，由于此时外界大气压力比系统压力大，所以大气会通过排气口进入系统，防止负压的危害。如果拧紧排气阀阀体上的阀帽，则排气阀停止排气。通常情况下，阀帽应该处于开启状态。排气阀也可以与隔断阀配套使用，便于排气阀的检修。

（4）双盘管承压水箱　如图 3-12 所示，双盘管承压水箱，是热水系统中的储水装置，也是生活热水与太阳能系统、燃气壁挂炉系统工质换热的设备。太阳能系统、燃气壁挂炉系统把工质加热后，输送到水箱内的两路铜制盘管中，与水箱中的水进行热交换，从而加热水箱中的水。加热后的水储存在水箱中进行保温，需要用水时，热水从水箱生活热水出口中流出，水箱中的水流出后，冷水进口自动补充水箱中的水，使水箱一直保持固定的水量。

双盘管承压水箱的结构如图 3-13 所示。它由生活热水出口、燃气壁挂炉工质出口、镁棒口、温度探头、燃气壁挂炉工质进口、太阳能工质出口、生活热水回水口、太阳能工质进口、冷水进口和排污口等组成。

图 3-11　排气阀

图 3-12　双盘管承压水箱的外形

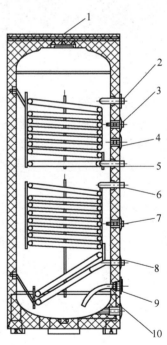

图 3-13　双盘管承压水箱的结构

1—生活热水出口；2—燃气壁挂炉工质出口；
3—镁棒口；4—温度探头；5—燃气壁挂炉工质进口；
6—太阳能工质出口；7—生活热水回水口；
8—太阳能工质进口；9—冷水进口；10—排污口

（5）膨胀罐　膨胀罐用来吸收工作介质因温度变化增加的那部分体积，缓冲系统压力波动。当系统内水压发生轻微变化时，膨胀罐球囊自动膨胀收缩，会对水压的变化有一定的缓冲作用，能保证系统水压稳定，如图3-14所示。

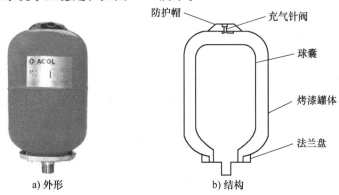

a) 外形　　　　　　　　b) 结构

图3-14　囊式膨胀罐的外形与结构

它的工作原理是：当外界有压力的水进入膨胀罐球囊内时，密封在罐内的氮气被压缩。气体受到压缩后体积变小，压力增大，直到膨胀罐内气体的压力与水的压力达到一致时停止进水。当水流失压力减小时，膨胀罐内气体的压力大于水的压力，此时气体膨胀将球囊内的水挤出补到系统，直到气体的压力与水的压力再次达到一致时停止排水。

2. 双热源强制循环分体式太阳能集热系统的工作原理

在系统运行过程中，太阳能工作站控制循环泵的起动和关闭，既节约电能又减少热能损失。在控制系统中，温差控制较为普及，有时还同时应用温差控制和光电控制两种。其中，温差控制是指利用平板太阳能集热器出口处水温和储水箱底部水温之间的温差来控制循环泵的运行。

早晨日出后，平板太阳能集热器内的水受太阳辐射而加热，温度逐步升高，一旦平板太阳能集热器出口处水温和储水箱底部水温之间的温差达到设定值，温差控制器就给出信号，起动循环泵，系统开始运行；遇到云遮日或下午日落前，太阳辐照度降低，平板太阳能集热器内水的温度逐步下降，一旦集热器出口处水温和储水箱底部水温之间的温差达到另一设定值，温差控制器就给出信号，关闭循环泵，系统停止运行。

在双热源强制循环分体式太阳能集热系统中，使用两种热源对水进行加热，如图3-15所示。在日照充足的时候，系统使用太阳能加热，以节约能

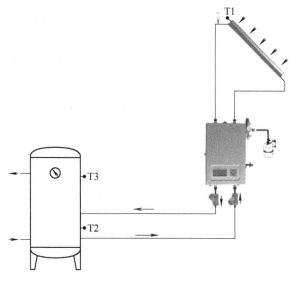

图3-15　双热源效果

源；当日照不足时，使用第二热源对水箱中的水进行加热，以保证正常供应生活热水。双热源强制循环分体式太阳能集热系统，充分平衡了节能与生活热水的供应，达到了节能与舒适的目的。

三、铜管钎焊知识

钎焊是把焊件加热到低于焊件熔点但高于钎料熔化温度后，用液体钎料润湿并填满母材连接的间隙，钎料与母材相互扩散形成牢固连接的方法。

1. 钎焊的分类

（1）软钎焊　软钎焊的钎料熔点低于450℃，接头强度较低。软钎焊多用于电子和食品工业中导电以及气密和水密器件的焊接。其中，以锡铅合金作为钎料的锡焊最为常用。

（2）硬钎焊　硬钎焊的钎料熔点高于450℃，接头强度较高，有的可在高温下工作。硬钎焊的钎料种类繁多，以铝、银、铜、锰和镍为基的钎料应用为最广。

2. 铜管钎焊材料

（1）钎料　焊锡丝作为填充金属被填加到管件与管道的缝隙中，起到固定管件的作用并成为焊缝的主要部分。焊锡丝的质量与焊锡丝的组成密不可分，其组成影响焊锡丝的化学性质、力学性能和物理性质。常见钎料如图3-16所示。

世界技能大赛项目中铜管的连接方式采用的是软钎焊，见表3-11。在比赛中软钎焊的焊材是锡基焊材，要求不含铅、不含银。世界技能大赛技术文件选择的焊丝牌号为Sn97Cu3。

表3-11　钎料总类

焊丝牌号	固相线/℃	液相线/℃
SnCu0.7	227	227
Sn97Cu3	227	300

（2）助焊剂　助焊剂如图3-17所示，在焊接工艺中能帮助和促进焊接过程，同时具有保护作用并阻止氧化反应的发生。其作用是去除母材和钎料表面的氧化物，保护钎料和母材接触面不被氧化，增加钎料的润湿性和毛细流动性。助焊剂可分为固体、液体和气体3类。

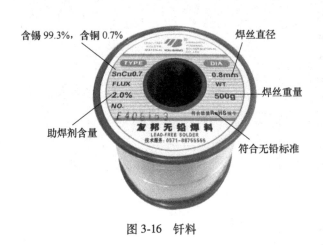

图3-16　钎料

图3-17　助焊剂

【任务准备】

一、铜管焊接的材料准备

根据设计图样自行填写领料单，与同组人员一起借用工业塑料收纳盒和手推车，按照材料清单领取本次任务所需管材管件。太阳能系统领料单见表3-12。

表 3-12 太阳能系统领料单

序号	名称	型号规格	数量	单位
1	铜变径内螺纹直接头	S1/2-3/4F	4	个
2	铜管外螺纹活接头	HJS22-3/4M	8	个
3	不锈钢活接头	HJS3/4F	2	个
4	铝塑管内螺纹活接头	HJS20-3/4F	6	个
5	镀锌钢管三通	T20	1	个
6	排气阀	1/2in	1	个
7	安全阀	1/2in	1	个
8	不锈钢对丝	3/4in	6	个
9	铜球阀	3/4in	5	个
10	不锈钢弯头	L22	6	个
11	不锈钢活接头	HJS20-3/4F	4	个

二、装配工具准备

根据设计自行填写太阳能系统工具清单，见表3-13。

表 3-13 太阳能系统工具清单

序号	名称	型号规格	数量	单位
1	焊枪	标准	1	把
2	焊锡丝	SnCu0.7	1	卷
3	助焊剂	标准	1	盒
4	喷水壶	标准	1	瓶
5	倒角器	5~36mm	1	个
6	抹布	棉质	1	块
7	铜管割刀	4~32mm	1	把
8	铝塑管卡压钳	A1620	1	把
9	不锈钢卡压钳	DN15/DN20	1	把
10	铝塑管矫直机	通用	1	个
11	胀管器	16/20	1	个
12	PPR剪刀	5~32mm	1	把
13	活扳手	250mm	1	把
14	美工刀	18mm	1	把
15	小毛刷	通用	1	把
16	锯弓	300mm	1	把

【任务实施】

一、铜管焊接作业

【专家建言】只要功夫深，铁杵磨成针。铜管焊接上手容易，但做好难，只有多下功夫多练习，才能按质量要求完成焊接作业。

根据世界技能大赛标准和焊接作业的特点，在焊接作业过程中必须全程着长袖上衣，穿防砸鞋，佩戴护目镜和焊接手套，如图 3-18 所示。

（1）倒角　利用倒角器对管材进行内外倒角：一只手握铜管，另一只手握倒角器，分别给铜管内壁与外壁倒角。要求铜管内壁无缩颈，外壁无凸出，如图 3-19 所示。

a) 焊接手套

b) 护目镜

图 3-18　焊接防护用品

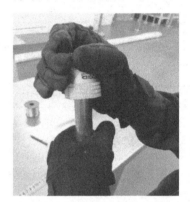

图 3-19　管材倒角

（2）涂抹焊锡膏　利用小毛刷将焊锡膏均匀地涂抹在铜管外壁需要插入铜管件承插口内的部分区域。涂抹均匀后，将铜管插入铜管件并旋转铜管件，使焊锡膏均匀地涂抹到铜管件内部，最后擦除管件与铜管外部多余的焊锡膏，如图 3-20 所示。

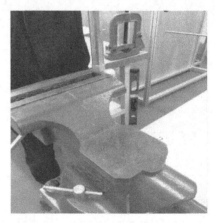

图 3-20　涂抹焊锡膏与装夹

（3）装夹　将铜管夹持在台虎钳上，使焊口朝上，夹紧力不宜过大，以防止管件变形。

（4）预热　点燃焊枪，用火焰将铜管与管件同时加热，如图 3-21 所示。在加热过程中，焊枪不断地围绕管件转动，以保证管件加热均匀；温度上升后，焊剂开始熔化，并发出噼啪的声音，直到声音逐渐变小，转入焊接阶段。

（5）焊接　达到预热温度后，将火焰移至管件注入点的背后，继续对管件进行加热，等管道有轻微冒烟时，将火焰稍微移开，让管材温度保持在焊丝能熔化的温度，另一边沿 45°斜向下开始送丝（送丝时，焊丝比管件平面稍高），直到看见管件端面的银色钎料与管件平齐，停止送焊丝，如图 3-22 所示。

图 3-21　预热

（6）清洁　用喷水壶将水喷在焊接部位，使钎料凝固。在钎料还未冷却时，迅速用棉布将多余的焊锡膏擦拭干净，同时观察钎料是否已将缝隙填满。如果缝隙尚未填满，则重新加热、送丝，直至整个缝隙都能看到钎料为止。

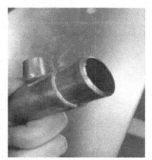

图 3-22　焊接

【专家建言】有志者事竟成，多练习方得好手艺。

二、太阳能系统的安装

太阳能系统的安装如图 3-23 所示。

根据模块二设计内容搭建并安装太阳能系统。太阳能系统管路比较复杂，安装过程中一定要注意区分各个管路的管材，以及各个管道的安装顺序。只有安装顺序正确，才能在安装过程中事半功倍。

【任务测评】

【专家建言】严格的检验能够促进质量的提高。

一、焊接质量检测评分

1. 评分办法

根据铜管的焊接质量，按照 0~3 分的评分标准进行评价：0 分—低于行业标准；1 分—符合行业标准；2 分—在一定程度上超过了行业标准；3 分—相对于行业标准，表现优异。

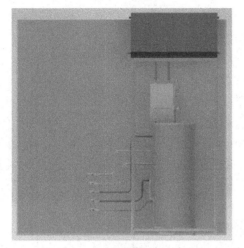
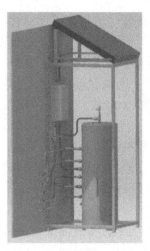

a) 主视图　　　　　　　　　　　b) 立体图

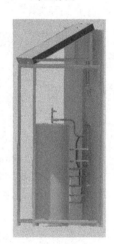

c) 左视图　　　　　　　　　　　d) 右视图

图 3-23　太阳能系统的安装

2. 评分标准

1）外观评分标准见表 3-14。

表 3-14　外观评分标准

0分	1分	2分	3分
管材和管件之间钎料不可见	管径大于 28mm，允许有 1 个以上加钎焊点	管径大于 28mm，允许有 1 个以上加钎焊点	
可见钎料太多或超过 2 处	管材、管件只有 1 处加钎焊点	管材、管件只有 1 处加钎焊点	
助焊剂存留过多	—	管材、管件之间钎料可见	无错误

（续）

0分	1分	2分	3分
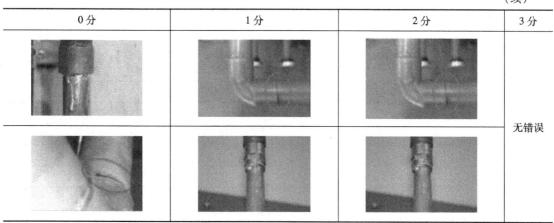			无错误

注：检测外观质量时，使用带伸缩杆的小方镜更方便观察。

2）内部评分标准见表3-15。

进行内部质量检测时，需要使用内镜或者剖开管材和管件，如图3-24所示。

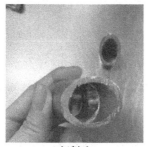
a) 切割后

b) 切割前

图 3-24　管材切割检测

表 3-15　内部评分标准

0分	1分	2分	3分
插口未插到承口底部	管材端面收缩	管材端面收缩	
—	管材与管件焊料未填满	管材与管件焊料未填满	
			无错误
—			

二、太阳能系统检测评分

太阳能系统检测评分标准见表 3-16。

表 3-16 太阳能系统检测评分标准

序号	评分内容	评分标准	配分/分	得分
1	尺寸	用直角尺配合钢直尺对管材的外壁与基准线进行检测，在管材中部便于测量的位置做好标记，然后统一测量，尺寸误差不超出±2mm者为合格	4×0.5＝2	
2	水平度和垂直度	用 60mm 的数显水平仪测量，尺寸误差不大于 0.5°者为合格	4×0.5＝2	
3	煨弯质量	凡有褶皱或椭圆度大于 10%，均为不合格	2×0.5＝1	
4	煨弯角度	用数显角度尺测量，角度误差不大于 1°者为合格	2×0.5＝1	
5	阀门连接	检查所有螺纹连接，阀门端面有损伤，生料带外露，螺纹连接处没有外露 1~2 道螺纹。出现以上任意一种问题均为不合格	2×0.5＝1	
6	管道连接	不锈钢卡压处，承插深度线可见且距离管件端面在 2mm 以内，卡压位置正确无误	2×0.5＝1	
7	压力试验	2min 0.2MPa 压力试验，压力表数值下降不得分	2	

【知识拓展】

本次任务中焊接操作应在竖直方向进行，你能在其他方向进行焊接操作吗？你能根据太阳能系统的工作原理自行设计太阳能系统吗？

任务三 冷热水管路原理与安装技能训练

【任务目标】

1. 了解 PPR 冷热水管的性能特点。
2. 掌握 PPR 冷热水管的热熔连接技术。
3. 掌握 PPR 冷热水管路的安装技能。

【任务导入】

现有一套 PPR 冷热水管路的安装图样以及所需要的材料清单，请根据材料清单到库房领取相关材料，然后按照图样要求在 DLDS-PH5738A 管道与制暖平台上完成 PPR 冷热水管路系统的安装，并进行水压试验。

【知识链接】

一、PPR 冷热水管简介

PPR 即无规共聚聚丙烯，俗称三型聚丙烯。PPR 管是镀锌管、UPVC 给水管、铝塑管、PE 管、PE-X 管、PE-RT 管的更新换代产品。由于它使用无规共聚技术，使聚丙烯的强度、耐高温性得到很好的保证，从而成为水管材料的主力军。PPR 管与传统的铸铁管、镀锌钢管、水泥管等相比，具有节能节材、环保、轻质高强、耐腐蚀、内壁光滑不结垢、施工和维修简便、使用寿命长等优点，广泛应用于建筑给排水、城乡给排水、城市燃气、电力和光缆护套、工业流体输送和农业灌溉等建筑业，以及市政、工业和农业领域。

1. 性能特点

（1）耐热、耐腐蚀、不结垢　PPR 管的工作水温为 95℃，短期使用温度可达 120℃，在温度为 60℃及工作压力为 1.2MPa 的条件下可长期连续使用。其对水中的大多数离子和建筑物内的化学物质均不起化学作用，不会生锈，不会腐蚀，不会滋生细菌，可免除管道结垢堵塞和水盆、浴缸黄斑锈迹之忧。

（2）量轻、节能　PPR 管重量轻、强度高、韧性好。其密度为 $0.89 \sim 0.91 g/cm^3$，仅为钢管的 1/9，纯铜管的 1/10，试压强度可达 5.0MPa 以上，韧性好，耐冲击，20℃时的导热系数为 $0.23 \sim 0.24 W/(m \cdot K)$，比钢管（$43 \sim 52 W/(m \cdot K)$）、纯铜管（$333 W/(m \cdot K)$）低，仅为金属管的 0.5%，用于热水管道保温节能效果极佳。

（3）安装方便可靠　聚丙烯具有良好的热熔接性能，可与同种材料制造的管材和管件连接成为一个整体，无需套螺纹，数秒钟即可完成一个节头连接；与金属管及用水器连接采用优质镀镍铜嵌件，安全可靠，杜绝了漏水的隐患。

（4）外形美观　产品内外壁光滑、流水阻力小、色彩柔和、造型美观。

（5）使用寿命长　管道系统在正常使用的情况下寿命可达 50 ~ 100 年。

2. PPR 管材的运输和储存

1）在运输和储存 PPR 管材的时候，一定要注意保护好产品，以免发生损坏而影响使用。在运输过程中，禁止 PPR 管材和其他物品发生激烈的撞击。虽然这种管材具有很大的硬度，但是如果发生猛烈撞击，也会对其造成一定影响。在存放时，应该尽量避免阳光照射，否则很容易造成管件变形和老化。

2）在堆放 PPR 管材时，需要保证场地平整，否则很容易使其变形，而且对于堆放高度也有一定要求，即不能够高于 1.5m，否则很容易滑动而造成损坏。在运输 PPR 管材前，需要对车厢进行检查，避免有坚硬物体存在，并且还要注意要保证车厢四周光滑。

3）PPR 管材在家装水管改造过程中是一种首选的材料，但是施工时，必须满足相关要求才可以保证质量。

因为 PPR 管材在 5℃以下会存在一定的低温脆性，所以在冬季施工时要当心，切管时要用锋利刀具缓慢切割。对已安装的管道不能重压、敲击，必要时对易受外力部位覆盖保护物，而且它的硬度低、刚性差，在搬运、施工过程中应加以保护，避免不当外力造成机械损伤，在暗敷后要标出管道位置，以免二次装修破坏管道。如果 PPR 管材长期受紫外线照射，就容易老化，所以将其安装在户外或阳光直射处时必须包扎深色防护层。

二、PPR 冷热水管的热熔连接技术

1. 热熔对焊连接施工

对焊连接是一种最简单的管件连接方法，所有管径在 20mm 以上的管道均可以用这种办法进行连接。以下是完成一个焊接施工的操作流程。

1）首先准备好要熔接的 PPR 管接件和管材。

2）准备好电源，把热熔器从包装盒里取出，根据管材和管件选择好加热模具并安装固定在热熔器上，用内六角扳手扳紧，一般小在前端，大在后端，然后将热熔器放置在专门的支架上。

3）接通电源，绿色指示灯亮，待绿色指示灯熄灭后，红色指示灯亮，表示热熔器进入自动控温状态，可开始操作。注意，在自动控制状态，红灯、绿灯会交替点亮，这说明热熔器处于受控状态，不影响工作。

4）将准备好的管材和管件，左、右手分别各拿一种，慢慢地对准热熔器上对应的模头，然后开始用力无旋转地向里推进，直到管件和管材都插入热熔件内，等待加热 5s 左右，然后立即拔出将热熔后的管子迅速无旋转地直线均匀插入到所需深度，使接头处形成均匀凸缘。

5）管材与管件的连接端面必须无损伤、清洁、干燥、无油污。熔接弯头或三通时，按设计要求，应注意其设计方向，在管件和管材的直线方向用辅助标志标出其位置。

2. 操作步骤

1）按照操作流程，将管材先预加热到 260℃，如图 3-25 所示。

2）对预热后的管材进行剪管操作，如图 3-26 所示。

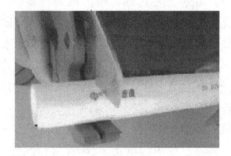

图 3-25　预加热　　　　　　　　　　　　　　图 3-26　剪管

3）将剪管后的管材清洗擦干后再进行标记，如图 3-27 所示。

4）对管材进行热熔加热处理，如图 3-28 所示。

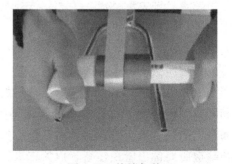

图 3-27　清洗后标记　　　　　　　　　　　　图 3-28　热熔加热

5）将管材与 90°角件进行热熔承插，如图 3-29 所示。

6）热熔承插完成后，需要保持在原有状态下进行冷却，即冷却把持，如图 3-30 所示。

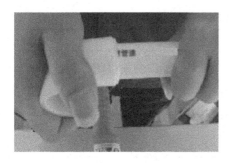 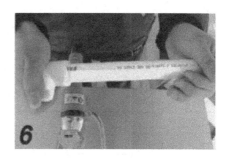

图 3-29　热熔承插　　　　　　　　　　　图 3-30　冷却把持

3. 热熔连接施工要点

1）当 PPR 管材和管件用热熔方式进行连接时，不要在上面直接套螺纹；PPR 管材和金属管道连接时可以用法兰连接；PPR 管材和用水器进行连接时一定要使用有金属嵌件的管件。

2）对 PPR 管材热熔施工时，一定要使用质量好的热熔工具，这样可以保证热熔的质量。

3）要用专门的工具来剪切管材，切口要平滑，没有毛刺。

4）在对管材和管件焊接的地方进行清洁时，不要让沙子、灰尘等物质影响接头的质量，用与要进行焊接的管材大小相匹配的加热头固定在热熔器上面，把电源给通上，让加热头达到最合适的温度。

5）可以用铅笔在管材上面标记一下需要熔接的深度。

6）把管材和管件放到热熔器里面，根据要求的时间进行加热。

7）管材和管件加热完成后，马上把它们拿出来并连接起来，当管材和管件连接配合时，若其位置有错误，可以在一定时间内做出微小的调整。但是，注意扭转角度不能够超过 5°。

8）管材和管件连接好以后，一定要用手牢牢地拿着管子和管件，让它们有充足的时间冷却，待冷却到一定的程度后就可以将手拿开，再安装下面的管子。

4. 热熔时间技术要求

各管径管材的热熔时间见表 3-17。

表 3-17　各管径管材的热熔时间

管径/mm	热熔时间/s	管径/mm	热熔时间/s
20	5	63	24
25	7	75	30
32	8	90	40
40	12	110	—
50	18	—	—

5. 热熔熔接技术要求

热熔熔接技术参数见表 3-18。

表 3-18　热熔熔接技术参数

管材外径/mm	熔接深度/mm	加热时间/s	插接时间/s	冷却时间/s
20	14	5	4	3
25	16	7	4	3
32	20	8	4	4
40	21	12	6	4
50	22.5	18	6	5
63	24	24	6	6
75	26	30	10	8
90	32	40	10	8
110	38.5	50	15	10

注：若环境温度低于 5℃，加热时间应延长 10%。

三、PPR 冷热水管路的安装

1. 一般规定

1）管道工程应根据住户要求进行安装，完工后必须进行试压，检查合格后才可进行其他装饰工程。

2）安装的管道必须横平竖直，以及排水管道必须保证畅通。

2. 技术要求及验收标准

1）冷热水管道的位置是左冷右热。

2）浴缸龙头接头一般应距离浴缸 150mm，两接头之间的距离为 150mm±5mm。

3）台式洗脸盆的进水管距离地面的高度应为 450mm±20mm，冷热水管的间距为 100~120mm。

4）坐厕进水管距离地面的高度应为 250mm，与坐厕中心位置的偏差为 200mm。

5）所有出墙连接设备的管接（内丝直角弯头）必须与墙面垂直。管接安装平面与墙面（含面砖）的伸缩偏差在 3~5mm 的范围内。

6）冲淋龙头接头的高度一般应距离地面 800~900mm，两接头之间的距离为 150mm±10mm。

7）热水器（电热水器）进水口前应安装阀门。

8）明装进水管道必须使用管卡进行固定，管卡的间距应不大于 600mm。

9）金属热水管道应有保温层。

10）进水管道管径的选择标准：PPR 水管为标称规格 Dg25，金属水管为标称规格 Dg20。

11）安装浴缸时必须要保留检修口，严禁使用塑料软管连接的浴缸，其落水口必须对准地面的浴缸下水口，并且必须做好密封。安装好以后，应经过盛水实验，合格后才可以封检修口。

12）安装好水龙头以后，严禁对水管道系统进行高压试压，水龙头的最高允许压力为 0.5MPa。

【任务准备】

一、冷热水系统管材和管件的准备

根据 PPR 冷热水管路的安装图样编制材料清单和器具清单。手持编写好的材料清单去库房填写领料单，并借用收纳盒，按照领料单领取本次任务所需管材和管件，见表 3-19。

表 3-19　冷热水系统材料清单

序号	名称	型号规格	数量	单位
1	冷水用内螺纹弯头	Dg1/2×20	3	个
2	冷水用外螺纹直接头	DN3/4×25	1	个
3	冷水用弯头	Dg20×20	2	个
4	冷水用三通	Dg25×25	3	个
5	冷水用异径三通	Dg25×20	3	个
6	水表	Dg25	1	个
7	冷水用球阀	DN3/4×3/4	1	个
8	冷水用角阀	Dg20	3	个
9	热水用内螺纹弯头	Dg1/2×20	2	个
10	热水用弯头	Dg20×20	1	个
11	热水用三通	Dg20×25	2	个
12	淋浴器	淋浴花洒套装淋浴器	1	套
13	PPR 冷水管	Dg20	20	m
14	PPR 热水管	Dg25	15	m
15	PPR 热水过桥	Dg20	3	个
16	PPR 冷水过桥	Dg20	3	个
17	管卡	Dg20，Dg25	各 10	个

二、管路制作安装工器具准备

手持编写好的工器具清单，前往工器具库房领取本次任务所需工器具，见表 3-20。

表 3-20　冷热水系统工器具清单

序号	名称	型号规格	数量	单位
1	PPR 热熔器	Dg20~32	1	套
2	割刀	标配	1	个
3	排插	3m	1	个
4	手套	棉	1	副
5	记号笔	4127 油性	1	把

（续）

序号	名　　称	型号规格	数量	单位
6	卷尺	3~5.5m	1	个
7	螺钉旋具	3~5.5m	1	个
8	锤子	3.5kg	1	把

三、图样识读与管路下料

1）安装时，首先要学会看图。冷热水管路系统平面图如图 3-31 所示。

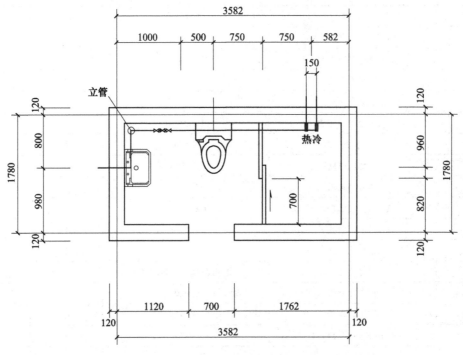

图 3-31　冷热水管路系统平面图

2）看懂冷水管路系统图，如图 3-32 所示。

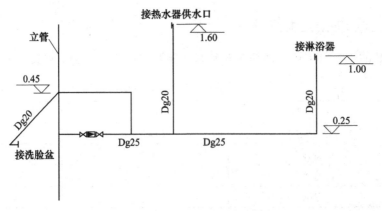

图 3-32　冷水管路系统图

3）看懂热水管路系统图，如图 3-33 所示。

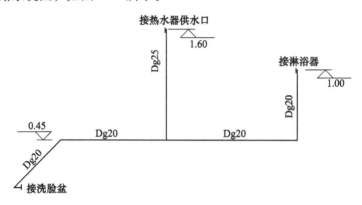

图 3-33 热水管路系统图

4）利用废弃 HDPE 管材进行电热熔焊接练习，找出热熔前后的尺寸差，做好笔记，并提高电热熔操作的熟练程度。

【任务实施】

1）团队合作，3~5 人共同完成，选定项目带头人，然后做好每个人的分工。

2）将工器具及所需管材和管件摆放整齐，在 DLDS-PH5738A 管道与制暖平台上绘制基准线，打好管卡。

3）完成各段管路所需管材的下料，规划好施工工艺，按照施工工艺完成相关管材与管件的电热熔连接工作。

【专家建言】热熔连接时，一定要控制好力度以及加热时间，保证热熔的质量与外观。

4）将组装好的管路安装到 DLDS-PH5738A 管道与制暖竞赛平台上并部分固定。

【专家建言】由于排水管路系统较庞大，因此管路系统上墙时要注意团队合作完成。

5）测量及调整好尺寸，并加以固定。

6）完成水压试验。

7）现场管理。按照车间管理要求，对装配完成的对象进行清洁与整理，将工作过程中产生的二次废料进行整理，把工具放入工具箱，最后还要进行垃圾打扫等工作。

【任务测评】

管路制作评分标准见表 3-21。

表 3-21 管路制作评分标准

序号	评分内容	评分标准	配分/分	得分
1	尺寸	用直角尺配合钢直尺对管材的外壁与基准线进行检测，在管材中部便于测量的位置做好标记，然后统一测量，尺寸误差不超出±2mm 为合格	4×0.5=2	

（续）

序号	评分内容	评分标准	配分/分	得分
2	水平度和垂直度	用60mm的数显水平仪测量，尺寸误差不大于0.5°为合格	4×0.5=2	
3	热熔质量	连接面形成的凸缘均匀，热熔时间符合要求，无渗漏	4×0.5=2	
4	管件和管材在直线方向	用钢直尺测量，误差不大于1°为合格	2×0.5=1	
6	完成度	在规定时间内完成安装，并试压合格	1	
7	水压试验	按验收规范要求进行水压试验，若无渗漏，则为合格	2	

【知识拓展】

本次任务中所采用的管道为 PPR 材质，冷热水管路还可以用哪些材质的管道呢？安装时又有哪些不同之处呢？

任务四　排水管路原理与安装技能训练

【任务目标】

1. 了解 HDPE 排水管的性能特点。
2. 掌握 HDPE 排水管的电热熔连接技术。
3. 掌握 HDPE 排水管路的安装技能。

【任务导入】

现有一套 HDPE 排水管路的安装图样以及所需要的材料清单，请根据材料清单到库房领取相关材料，然后按照图样要求在 DLDS-PH5738A 管道与制暖平台上完成 HDPE 排水管路系统的安装并进行灌水试验。

【知识链接】

一、HDPE 排水管简介

HDPE 排水管是以高密度聚乙烯树脂为主，采用挤出成型工艺制成的用于无内压作用的热塑性塑料圆管的统称。HDPE 排水管是一种新型耐酸、耐腐蚀、抗压、无毒的绿色环保管材，属于环保节能型高新技术产品，使用年限可达 50 年以上。HDPE 排水管是传统的钢铁管材、聚氯乙烯排水管的换代产品，它主要承担雨水、污水、农田排灌等排水任务，广泛用于公路和铁路路基、地铁工程、废弃物填埋场、隧道、绿化带、运动场及边坡防护等排水领域，以及农业、园艺的地下灌溉与排水系统。

1. 性能特点

（1）排水安全性 孔口位于波谷，由于波峰和过滤织物的双向作用，孔口不易堵塞，保证了透水系统畅通。

（2）耐腐蚀性 与软式弹簧排水管相比，塑料不易产生锈蚀现象。

（3）外压强度及易弯曲有机结合 独特的双波纹结构有效地提高了产品的外压强度，排水系统不会受外界压力变形而影响排水效果。

（4）经济性 与同口径其他排水管相比，其售价较低。

2. 管材的运输及堆放

由于管材比较柔软，当出现气温变化或场地不平整，安放不好等情况时，管身会发生少许变形。因此，堆放管材时应注意以下问题：

1）在装卸、运输、堆放管材时，应轻卸轻放，不得抛落拖滚和相互撞击。

2）将管材直接堆放在地面上时，地面必须平坦，严禁将管材放在尖锐的硬物上，所有堆放的管材需采取防止滚动的措施。

3）为了便于施工取管，管材宜按种类、规格、等级分类堆放。

4）如果管材需要长时间存放，宜放置在棚库内；如需露天堆放，尤其是夏季或气温较高的天气，应加以遮盖，不能长时间受日光暴晒。

5）管材和管件不得与会产生腐蚀的油类和其他有害化工原料相接触。

二、HDPE 排水管的电热熔连接技术

1. 热熔对焊连接

对焊连接是一种最简单的管件连接方法，管径为 32～315mm 的管道均可以采用这种办法进行连接。它为整个系统的预制安装提供了许多方便有利的前提条件。HDPE 管材采用此方法进行焊接时不需要其他部件。

无论预制安装是在现场或是在车间里，都可使用此焊接方法。以下是完成一个完整的焊接过程所需要的条件：

1）保持焊接部位、管道及电热板清洁。

2）确保正确的焊接温度。

3）焊接过程中施加相应的作用力。

4）焊接切断面必须是垂直的（90°），而且必须通过刨刀刨平。

对焊只占据了很小的断面空间，焊接边缘不会干扰管道，事实上管道内部横截面没有发生任何变化。焊接部位十分复杂地组合在一个很小的面层上，所以它不会浪费管材。通过对焊连接方法，管子长度和弯头连接处都可以得到充分利用。

2. HDPE 管的对焊工艺准备

德国生产的专用管道切割设备如图 3-34 所示。

图 3-34 专用管道切割设备

使用要点：垂直切割管材，切割面必须保持清洁，手不允许接触切割面，对焊允许的厚度要按表 3-22 实施。

表 3-22　焊接允许的厚度

管径/mm	32~75	90	110	125	160	200	250	315
对焊厚度/mm	3	4	5	5	7	7	8	10

3. 直径为 32~75mm 管道的手动焊接

手动焊接采用便携式电焊板操作。电焊板不能放在铁板、石块、沙土上，以免划伤盘面涂覆的聚四氟乙烯（PTFE）耐高温防黏层。

具体焊接操作方法见表 3-23。

表 3-23　焊接操作方法

序号	操作图示	操作方法与注意事项
1		保持电焊板表面清洁，检查电焊板的温度，在绿灯亮之前不要进行焊接
2		首先用力把管材焊接面顶在电焊板上，然后放松地握住管材，仔细观察整个焊接熔化过程
3		当焊接面凸出的大小与所要求的相关产品相符时，同时取下两边的焊接管材，并迅速把焊接面用力并拢，慢慢地加压直到要求的压力。用力压住管材，保持大约30s，直到管材焊接接缝处冷却
4		不允许用冷水或者其他冷的物体加速冷却管材

（续）

序号	操作图示	操作方法与注意事项
5	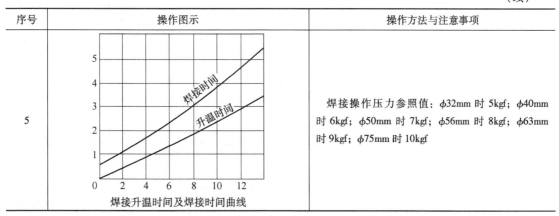 焊接升温时间及焊接时间曲线	焊接操作压力参照值：ϕ32mm 时 5kgf；ϕ40mm 时 6kgf；ϕ50mm 时 7kgf；ϕ56mm 时 8kgf；ϕ63mm 时 9kgf；ϕ75mm 时 10kgf

4. 直径为40~315mm管道的电动对焊

热熔对焊操作应在地面上进行，一般在预制阶段使用。对雨水系统的安装可以使用德国生产的热熔对焊机。该对焊机由行走架、操作台、电热板、电动铣刀、夹具等部分组成，如图3-35所示。它使用220V、50Hz单相交流电源。电热板常用的焊接温度为210℃±10℃，适合的操作气温为-10~40℃。

具体操作步骤如下：

（1）焊接准备　用干净的布清除两管端的污物。

根据不同的管径选用相应的夹具及托架，将要焊接的管材置于夹具及托架上，使两端伸出的长度相等，在满足铣削和加热的要求下应尽可能短，通常为25~30mm。若有必要，管材机架以外的部分用支撑物托起，使管材轴线与夹具中心线处于同一高度，然后用夹具固定好。

图3-35　热熔对焊机

置入铣刀，先打开铣刀电源开关，然后缓慢地合拢两管材焊接端，并加以适当的压力，直到两端均有连续的切屑出现后，撤掉压力，略等片刻，再推开活动架，关掉铣刀电源。

取出铣刀，合拢两管端，检查两端的铣削情况：管端面为垂直（90°）状态；错位不超过1mm；闭合管端的最大间隙不超过0.3mm。

（2）热熔　检查电热板温度是否达到设定值，绿灯亮时表示温度适合焊接。

1）将电热板置于两管端之间，转动加压手柄并观察压力表的指针，待压力达到规定值时，加热压力保持到要熔接的配件整个周围形成一圈熔化边料，其作用是迅速平整管材端面上的不平度并有效促进塑化，直到两侧最小卷边达到规定高度。最小卷边的厚度见表3-24。

表3-24　最小卷边的厚度

管径/mm	56	63	75	90	110	125	160	200	250	315
规定压力/kgf	8	9	10	15	22	28	45	57	90	140
规定高度/mm	0.5	0.5	0.5	0.5	0.5	1.0	1.0	1.0	1.5	1.5
热熔时间/s	45	45	45	45	45	50	60	70	80	100

2）将压力减小到规定值，一般大约为加热压力的10%（使管端面与电热板之间刚好保持紧密接触），继续加热至规定的时间。此时，卷边的高度一般达到壁厚的1/2。

（3）切换　加热完成后，使夹具松开，迅速取出电热板，然后合拢两管端，其切换时间应尽可能短，不得超过5s。

（4）对接　通过加压手柄向合拢的管端缓慢加压，在规定时间内将压力上升到规定值（与加热压力相同），锁紧止动闸，保持压力。对接加压规定时间见表3-25。

表3-25　对接加压规定时间

管径/mm	56	63	75	90	110	125	160	200	250	315
对接加压规定时间/s	5	5	5	5	5	5	6	6	7	8

（5）冷却　将压力至少保持规定的冷却时间后，松开止动闸，打开夹具取出焊接好的管子。冷却时间见表3-26。

表3-26　冷却时间

管径/mm	56	63	75	90	110	125	160	200	250	315
冷却时间/s	6	6	6	6	6	7	9	9	12	15

不要用冷却水或者其他方法来加快冷却处理时间，因为这样会损害连接的质量。对于管径不大于75mm的管子，对接时可以不通过操作台，直接用手接在一起。热熔对焊后管道的总长度会变短，预制时测量尺寸要富有余量。

（6）检查焊缝的质量　一般要求检查焊缝的高度、错边量、接口宽度及对中情况。不合格的焊缝要锯开重焊。焊缝焊接质量如图3-36所示。

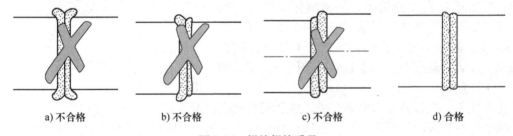

a) 不合格　　　　b) 不合格　　　　c) 不合格　　　　d) 合格

图3-36　焊缝焊接质量

三、HDPE排水管路的安装规定

1）生活污水塑料管道的坡度，见表3-27。

表3-27　生活污水塑料管道的坡度

序号	管径/mm	标准坡度（%）	最小坡度（%）
1	50	2.5	1.2
2	75	1.5	0.8
3	110	1.2	0.6
4	125	1.0	0.5
5	160	0.7	0.4

2）排水塑料管道支架、吊架间距应符合表 3-28 规定。

表 3-28　排水塑料管道支架、吊架最大间距

管径/mm		50	75	110	125	160
支架、吊架最大间距/m	立管	1.2	1.5	2.0	2.0	2.0
	横管	0.5	0.75	1.10	1.30	1.6

3）排水塑料管必须按要求及位置装设伸缩节。当设计无要求时，伸缩节间距不得大于 4m。

4）在立管上应每隔一层设置一个检查口，但在最底层和有卫生器具的最高层必须设置。如为两层建筑，可仅在底层设置立管检查口。检查口的中心高度距操作地面一般为 1m，允许偏差为±20mm；检查口的朝向应便于检修。对于暗装立管，应在检查口处安装检修门。一般检验方法是：观察检查。

5）排水主立管及水平干管的管道均应做通球试验，通球球径不小于排水管道管径的 2/3，通球率必须达到 100%。一般检查方法是：通球检查。

6）隐蔽或埋地的排水管道在隐蔽前必须做灌水试验，其灌水高度应不低于底层卫生器具的上边缘或底层地面高度。具体检验方法是：满水 15min 水面下降后，再灌满观察 5min，若液面不降，管道及接口无渗漏，则为合格。

【任务准备】

一、排水系统管材与管件的准备

手持材料清单去库房填写领料单，并借用工业塑料收纳盒，按照材料清单领取本次任务所需的管材和管件。排水系统材料清单见表 3-29。

表 3-29　排水系统材料清单

序号	名称	型号规格	数量	单位
1	弯头	L110	1	个
2	弯头	L50	2	个
3	顺水三通	110	1	个
4	斜三通	50	1	个
5	45°弯头	50	3	个
6	变径三通	110-75-110	1	个
7	HDPE 管	DN110	4	m
8	HDPE 管	DN50	4	m
9	管卡	DN50，M8	10	个
10	管卡	DN110，M8	10	个

二、管路制作与安装工器具的准备

手持工器具清单前往工器具库房领取本次任务所需的工器具。排水系统工器具清单见表

3-30。

表 3-30 排水系统工器具清单

序号	名称	型号规格	数量	单位
1	数显水平仪	DXL-360S	1	个
2	数显水平尺	985D，600mm	1	把
3	数显角度尺		1	个
4	电动螺钉旋具	12~18V	1	个
5	呆扳手	14~29mm	1	个
6	卷尺	3~5.5m	1	个
7	钢直尺	300mm	1	把
8	钢直尺	500mm	1	把
9	直角尺	300mm	1	把
10	热熔机	HDPE 热熔机	1	套
11	管子割刀	50~110mm	1	把

三、图样识读与管路下料

1）识读排水管路安装施工图，如图 3-37 所示。

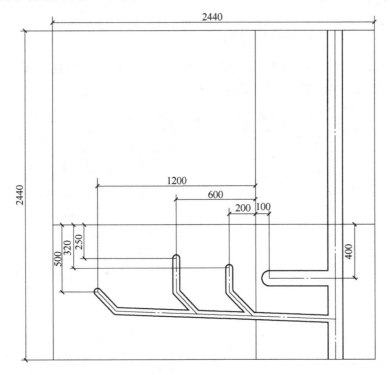

图 3-37 排水管路安装施工图

2）识读排水管路总装效果图，如图 3-38 所示。

3）利用废弃的 HDPE 管材进行电热熔焊接练习，找出热熔前、后尺寸差，做好笔记，并提高电热熔操作熟练程度。

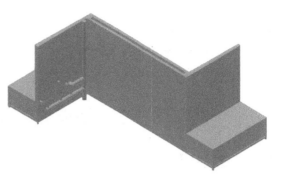

图 3-38　排水管路总装效果图

【任务实施】

1）团队合作，3~5 人共同完成，选定项目带头人，然后做好每个人的分工。

2）将工器具及所需管材与管件摆放整齐，在 DLDS-PH5738A 管道与制暖平台上绘制基准线，打好管卡。

3）完成各段管路所需管材的下料，规划好施工工艺，按照施工工艺完成相关管材与管件的电热熔连接工作。

【专家建言】电热熔连接时，一定要控制好力度以及加热时间，保证热熔的质量与外观。

4）将组装好的管路安装在 DLDS-PH5738A 管道与制暖竞赛平台上并部分固定。

【专家建言】排水管路系统较庞大，因此管路系统上墙时要注意团队合作完成。

5）测量及调整好尺寸，并加以固定。

6）完成灌水试验。

7）现场管理。按照车间管理要求，对装配完成的对象进行清洁与整理，将工作过程中产生的二次废料进行整理，把工具放入工具箱，最后还要进行垃圾打扫等工作。

【任务测评】

排水管路制作评分标准见表 3-31。

表 3-31　排水管路制作评分标准

序号	评分内容	评分标准	配分/分	得分
1	尺寸	用直角尺配合钢直尺对管材的外壁与基准线进行检测，在管材中部便于测量的位置做好标记，然后统一测量，尺寸误差不超出±2mm 为合格	4×0.5=2	
2	水平度和垂直度	用 60mm 的数显水平仪测量，尺寸误差不大于 0.5°时为合格	4×0.5=2	
3	热熔质量	管口翻边呈均匀唇状，翻边高度符合要求，无渗漏	4×0.5=2	
4	煨弯角度	用数显角度尺测量，角度误差不大于 1°时为合格	2×0.5=1	
6	完成度	在规定时间内完成安装，并试压合格	1	
7	灌水试验	2min 管路连接处无渗漏为合格	2	

🖥【知识拓展】

本次任务采用的管道为 HDPE 材质，排水管路还可以用哪些材质的管道呢？安装时又有哪些不同之处呢？

任务五　供暖管路原理与安装技能训练

🖥【任务目标】

1. 掌握供暖系统的原理及分类。
2. 掌握毛巾架的制作方法。
3. 掌握供暖管路的安装方法及卡压操作技能。

🖥【任务导入】

现有一套不锈钢管供暖管路的安装图样以及所需要的材料清单，请根据材料清单到库房领取相关材料，然后按照图样要求在 DLDS-PH5738A 管道与制暖平台上完成供暖管路系统的安装并进行气压试验。

🖥【知识链接】

一、供暖系统的原理与分类

供暖就是用人工方法向室内供给热量，使室内保持一定的温度，以创造适宜的生活条件或工作条件的技术。供暖系统由热源（热媒制备）、热循环系统（管网或热媒输送）及散热设备（热媒利用）3 个主要部分组成。

1. 供暖系统的原理

低温热媒在热源中被加热，吸收热量后变为高温热媒（高温水或蒸汽），经输送管道送往室内，通过散热设备放出热量，使室内温度升高；散热后温度降低，变成低温热媒（低温水），再通过回收管道返回热源，进行循环使用。如此不断循环，从而不断地将热量从热源送到室内，以补充室内的热量损耗，使室内保持一定的温度。

2. 热水供暖系统的分类

（1）按系统循环动力的不同分类　按系统循环动力的不同，热水供暖系统可分为自然循环系统和机械循环系统。其中，靠流体的密度差进行循环的系统称为"自然循环系统"，靠外加的机械（水泵）力循环的系统称为"机械循环系统"。

（2）按供、回水方式的不同分类　按供、回水方式的不同，热水供暖系统可分为单管系统和双管系统。在高层建筑热水供暖系统中，多采用单、双管混合式系统的形式。

（3）按管道敷设方式的不同分类　按管道敷设方式的不同，热水供暖系统可分为垂直式系统和水平式系统。

（4）按热媒温度的不同分类　按热媒温度的不同，热水供暖系统可分为低温供暖系统（供水温度 $t<100℃$）和高温供暖系统（供水温度 $t\geq100℃$）。各个国家对高温水和低温水的界限都有自己的规定。在我国，一般认为小于或等于 100℃ 的热水称为"低温水"，超过

100℃的水称为"高温水"。室内热水供暖系统大多采用低温水供暖，设计供回水温度采用95℃/70℃，高温水供暖宜在生产厂房中使用。

二、薄壁不锈钢管的卡压式连接

薄壁不锈钢管是我国近年发展起来的高档新颖建筑材料，它可用于给水、热水、饮用纯净水等工程，具有重量轻、力学性能好、使用寿命长、摩阻系数小、不易产生二次污染等优点。随着薄壁不锈钢管安装施工技术的不断提高，以卡压式连接为主的施工工艺得到广泛应用。它是以带有特种密封圈的承口管件连接管道，用专用工具压紧管口而起密封和紧固作用的一种连接方式，施工过程中具有安装便捷、连接可靠及经济合理等优点，可使工程质量和劳动生产率得到有效提高。

1. 薄壁不锈钢管卡压式连接安装技术

薄壁不锈钢管卡压式连接管件的端部 U 形槽内装有 O 形密封圈，安装时将不锈钢管插入管件中，用专用卡压钳卡压管件端部，使不锈钢管和管件端部同时收缩（外小里大，表面形成六角形），从而起到连接作用，并满足密封要求。

薄壁不锈钢管卡压式连接主要安装施工工艺：安装前准备、预制加工、管道安装和试压。

（1）安装前准备　结合图样在 DLDS-PH5738A 管道与制暖平台上绘制基准线，根据施工图样规划好管卡的位置，并在 DLDS-PH5738A 管道与制暖平台上打好管卡。

管卡与薄壁不锈钢管材之间必须采用塑料或橡胶隔离，以免使不锈钢管受到腐蚀。管卡的型号规格必须与管材的型号规格相匹配，严禁以大代小，管卡螺母必须配备平垫圈。

（2）预制加工　根据设计图样规定的坐标和标高线，并结合现场实际情况，绘制加工草图，按照草图进行管段的预制加工和预装配。

（3）管道安装

1）将预制加工好的管段按编号运至安装部位进行安装。

2）将各管段进行卡压连接，具体操作步骤如下：

①下料：对于小规格管材，选用手动切管器截管；对于大规格管材，则选用砂轮切割机截管，应使端面平齐且垂直于轴线及去除毛刺。

②连接管件和管材：在不锈钢管上画出需插入管件的长度，然后将不锈钢管垂直插入卡压式管件中，应确认管子上所画标记线距端部的距离，公称直径为 15~25mm 时距离为 3mm，公称直径为 32~40mm 时距离为 5mm。

3）管道固定：用管卡将管道固定在墙上，不得有松动现象，安装公称直径不大于 25mm 的管道时可采用塑料管卡。

4）敷设管道时严禁产生轴向弯曲和扭曲，穿过墙壁或楼板时不得强制校正。当与其他管道平行敷设时，应按设计要求预留保护距离，当无设计规定时其净距不宜小于 100mm。当管道平行时，管沟内薄壁不锈钢管宜设在镀锌钢管的内侧。

（4）试压。压力试验必须在该模块安装完成后进行，可自行操作进行 2min 0.2MPa 的压力试验并加以修正，自我检测无误后方可在指导下进行压力试验。

2. 薄壁不锈钢管卡压式连接质量控制重点

（1）薄壁不锈钢管卡压式连接

1）管材下料后，对管子内外的毛刺必须用专用锉刀或专门的除毛刺器具除去，若清除不彻底，则插入时会因割伤橡胶密封圈而造成漏水。

2）管子插入管件前，必须确认管件 O 形密封圈已安装在管件端部的 U 形槽内，安装时严禁使用润滑油。

3）管子必须垂直插入管件，若歪斜则易使 O 形密封圈割伤或脱落而造成漏水，插入长度必须符合相关规定，否则会因管道插入不到位而造成连接不紧密进而出现渗漏。

4）卡压连接时，钳口凹槽必须与管件凸部靠紧，工具钳口应与管子轴心线垂直，卡压压力必须符合要求。开始作业后，凹槽部应咬紧管件，直至产生轻微振动才可结束。卡接后，薄壁不锈钢管与管件的承插部位卡形成六边形，用量规检查其是否完好。

（2）薄壁不锈钢管与螺纹件的连接 薄壁不锈钢管与阀门、水表、水嘴等螺纹件的连接必须采用专用的薄壁不锈钢内外螺纹转换接头，严禁在水管上套螺纹。

（3）热水薄壁不锈钢管的热补偿 安装热水薄壁不锈钢管时，应按设计要求采取管道补偿措施，公称直径不大于 25mm 的管道可采用自然补偿或方形补偿，大管径管道则可通过安装不锈钢伸缩节进行补偿。

【任务准备】

一、供暖系统管材管件的准备

手持材料清单去库房填写领料单，并借用工业塑料收纳盒，按照材料清单领取本次任务所需的管材管件。供暖系统材料清单见表 3-32。

表 3-32 供暖系统材料清单

序号	名称	型号规格	数量	单位
1	弯头	L22	2	个
2	变径三通	T22-16-22	2	个
3	管帽	C22	2	个
4	内螺纹活接头	S22-3/4F	2	个
5	内螺纹活接头	S22-1/2F	4	个
6	不锈钢对丝	3/4in	2	个
7	不锈钢对丝	3/4in	4	个
8	不锈钢球阀	3/4in	2	个
9	不锈钢球阀	1/2in	2	个
10	生料带	单卷 20m 加厚	5	卷
11	不锈钢管（直管）	DN22×1.0mm，6m/根	1	根
12	不锈钢管（直管）	DN16×1.0mm，6m/根	1	根
13	管卡	DN15~22，M8	30	个
14	压力表	量程 0~1MPa	1	个
15	试压工具	根据实际要求配全	1	套

二、管路制作安装工器具准备

手持工器具清单前往工器具库房领取本次任务所需的工器具。供暖系统工器具清单见表3-33。

表3-33　供暖系统工器具清单

序号	名称	型号规格	数量	单位
1	数显水平仪	DXL-360S	1	个
2	数显水平尺	985D，600mm	1	把
3	数显角度尺		1	个
4	电动螺钉旋具	12~18V	1	个
5	弯管器	16mm	1	个
6	呆扳手	14~29mm	1	个
7	卷尺	3~5.5m	1	个
8	钢直尺	300mm	1	把
9	钢直尺	500mm	1	把
10	直角尺	300mm	1	把
11	钢丝刷	314，直柄不带刮片	1	把
12	美工刀	大号	1	把
13	手动液压式卡压钳	液压不锈钢，1525	1	套
14	管子割刀	16~22mm	1	把
15	倒角器	铜管、不锈钢管	1	把
16	电动卡压钳	电池套装	1	套

三、图样识读与管路下料

【专家建言】工欲善其事，必先利其器。安装之前仔细研究装配图样并核对所有配件，做到万无一失；计算尺寸需严谨，弄懂任务中的要求，看清结构再下手也不迟。

1）看懂采暖管路安装图，如图3-39所示。

2）看懂采暖管路效果图，如图3-40所示。

【任务实施】

1）团队合作，3~5人共同完成，选定项目带头人，然后做好每个人的分工。

2）将工器具及所需的管材和管件摆放整齐，在DLDS-PH5738A管道与制暖平台上绘制基准线，打好管卡。

3）完成各段管路所需管材的下料工作，并弯制毛巾架及跨弯管道。

【专家名言】毛巾架的制作需要细致认真完成，先手绘草图找出各段的起弯点，规划好弯制工序，煨弯过程需一步到位，否则容易产生褶皱。

4）完成管材与管件的组装工作。

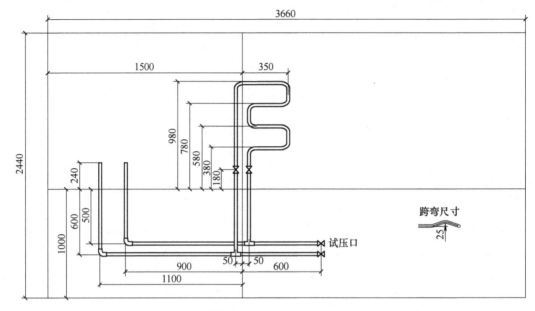

图 3-39　采暖管路安装图

5）将组装好的管路安装在 DLDS-PH5738A 管道与制暖竞赛平台上并部分固定。

6）应用卡压钳完成管路的卡压工作，并调整好水平度和垂直度。

【专家建言】卡压操作需一步到位，不可多次重复卡压。管路的水平度和垂直度是考查的重点，需要边测量边调整固定，以达到要求。

7）完成气压试验。

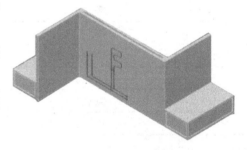

图 3-40　采暖管路效果图

【专家建言】压力试验至关重要，只有通过压力试验的管路系统才可以投入实际使用，一定要确保无泄漏现象。

8）现场管理。按照车间管理要求，对装配完成的对象进行清洁与整理，将工作过程中产生的二次废料进行整理，把工具放入工具箱，最后还要进行垃圾打扫等工作。

【任务测评】

供暖系统安装评分标准见表 3-34。

表 3-34　供暖系统安装评分标准

序号	评分内容	评分标准	配分/分	得分
1	尺寸	用直角尺配合钢直尺对管材的外壁与基准线进行检测，在管材中部便于测量的位置做好标记，然后统一测量，尺寸误差不超出±2mm 为合格	4×0.5＝2	

（续）

序号	评分内容	评分标准	配分/分	得分
2	水平度和垂直度	用60mm的数显水平仪测量，尺寸误差不大于0.5°为合格	4×0.5＝2	
3	煨弯质量	凡有褶皱或椭圆度大于10%的产品，均为不合格	2×0.5＝1	
4	煨弯角度	用数显角度尺测量，角度误差不大于1°为合格	2×0.5＝1	
5	阀门连接	检查所有的螺纹连接，阀门端面有损伤，生料带外露，螺纹连接处没有外露1~2道螺纹，出现以上任意一种问题均为不合格	2×0.5＝1	
6	管道连接	不锈钢卡压处，承插深度线可见且距离管件端面在2mm以内，卡压位置正确无误	2×0.5＝1	
7	压力试验	2min 0.2MPa压力试验，压力表数值下降不得分	2	

💻【知识拓展】

　　本次任务中所设计的毛巾架为较简单的形状，如果毛巾架变成包含特殊角度的图形，你是否能正确地制作完成呢？如果本次采暖系统采用铜管制作，连接方式采用焊接，你能完成吗？

任务六　天然气原理与管路安装技能训练

💻【任务目标】

　　1. 掌握天然气管路的安装原理。
　　2. 掌握天然气管道的制作安装的方法。
　　3. 掌握天然气管路的检测方法。

💻【任务导入】

　　现有一套燃气管路系统的平面展开图、模型立体图、一些零散的零部件及相关模块，请您搭建燃气系统管路。

💻【知识链接】

一、燃气管路简介

　　燃气管路是一种输送可燃性气体的专用管道，它为人们的生活、采暖提供了可燃气源。燃气系统作为重要考核模块之一，出现在多届世界技能大赛中，其中第43届世界技能大赛管道与制暖项目燃气管路采用镀锌钢管安装，第 44 届世界技能大赛管道与制暖项目燃气管路采用铜管安装。

这里以镀锌钢管为例，讲解说明燃气管路的制作安装方法。图 3-41 中立管为燃气管路的进户主管道，水平横管为入户支管。燃气管路采用 DN20 镀锌钢管制作。

图 3-41　镀锌钢管

二、镀锌钢管套螺纹工具

1. 管子台虎钳

夹持镀锌钢管时，要使用到管子台虎钳（见图 3-42）。它用于夹稳金属管，进行铰制螺纹，切断及连接管子等作业，是镀锌钢管作业中常用的工具。

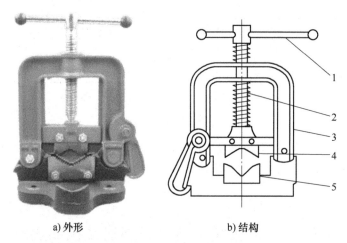

a) 外形　　　　　　　b) 结构

图 3-42　管子台虎钳
1—扳杠　2—丝杠　3—支架　4—上牙板　5—下牙板

对于镀锌钢管的夹持，应选用型号与管子规格相适应的管子台虎钳；若用大号管子台虎钳夹持小管子，容易压扁管子。不同型号的管子台虎钳适用范围见表 3-35。

表 3-35　管子台虎钳适用范围

规格/mm	有效夹持范围/mm	规格/mm	有效夹持范围/mm
40	10~40	115	15~115
60	10~60	165	30~165
75	10~75	220	30~220
90	15~90	325	30~325
100	15~100		

2. 镀锌钢管割刀

镀锌钢管切割时必须使用专用割刀，不能将不锈钢或者铜管割刀用于切割镀锌钢管，如

图 3-43 所示。

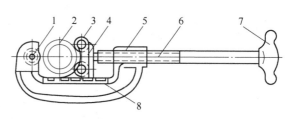

图 3-43　镀锌钢管割刀

1—滚刀　2—被割管子　3—压紧滚轮　4—滑动支座　5—螺母　6—螺杆　7—把手　8—滑道

3. 轻型管子铰板

镀锌钢管铰板有多种不同的类型，主要分为电动铰板和手动铰板。其中，手动铰板又分为重型铰板和轻型铰板。为了贴近世界技能大赛，本次任务采用轻型手动铰板（见图 3-44）完成燃气管路的制作安装作业。

【注意事项】在进行任务作业之前，认真了解各工具的使用方法和安全操作规程，做到正确操作，安全操作。

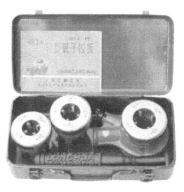

图 3-44　轻型管子铰板

【任务准备】

一、燃气管路安装材料的准备

手持材料清单去库房填写领料单，与同组人员一起借用工业塑料收纳盒，按照材料清单领取本次任务所需的管材管件。燃气管路安装部分配件清单见表 3-36。

表 3-36　燃气管路安装部分配件清单

序号	名称	型号规格	数量	单位
1	镀锌钢管	DN20	若干	
2	镀锌堵头	DN20	2	个
3	镀锌正三通	T20	2	个
4	镀锌弯头	L20	3	个
5	球阀（全铜）	3/4in	2	个

二、装配工具准备

燃气管路安装部分工具清单，见表 3-37。

表 3-37　燃气管路安装部分工具清单

序号	名称	型号规格	数量	单位
1	卷尺	3~5.5m	1	把
2	人字梯	1.2m	2	件
3	活扳手	300mm	1	把
4	管钳	12in	1	把
5	油性针管笔	0.05~1.0mm	1	支
6	管子割刀	16~22mm	1	把
7	倒角器	镀锌钢管	1	把
8	轻型管子铰板	1/4~1in	1	把
9	管子台虎钳	18in	1	个

三、图样识读与安装规范

【专家建言】磨刀不误砍柴工。安装前应仔细研究各类装配图样并核对所有配件，做到万无一失；弄懂工作任务中的基本要求，看清结构再下手也不迟。

1. 识读燃气管路安装图

燃气管路的安装如图 3-45 所示。

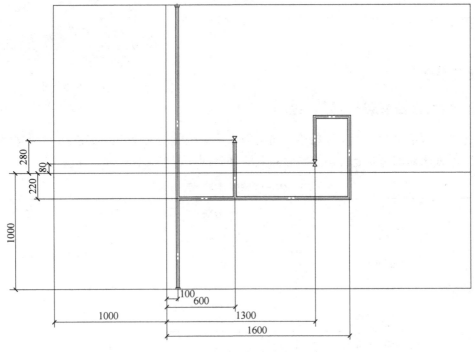

图 3-45　燃气管路的安装

2. 识读安装效果图

燃气系统的安装效果图如图 3-46 所示。

四、现场管理

按照车间管理要求，对装配完成的对象进行清洁与整理，将工作过程中产生的二次废料进行整理，把工具放入工具箱，打扫垃圾，对能回收的材料还要单独整理回收。

📖【任务实施】

一、镀锌钢管的加工

镀锌钢管螺纹连接的步骤：测量长度、切断、套螺纹、缠绕填料和连接。

图 3-46　燃气系统的安装效果图

1. 镀锌钢管画线

测量管件，先根据图样计算管段的长度，再根据计算长度画线，如图 3-47 所示。

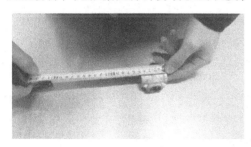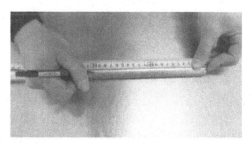

图 3-47　画线

2. 镀锌钢管夹固

镀锌钢管的夹固需要在管子台虎钳上进行，夹持镀锌钢管的画线部分距离台虎钳口 150mm 左右。夹持力度要适中，若力度过轻管子在加工过程中会转动进而产生划伤；若力度过重管子会变形、变扁，如图 3-48 所示。

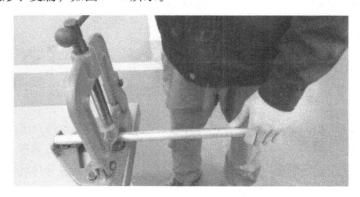

图 3-48　夹固

3. 镀锌钢管断管

切割镀锌钢管时，必须将管子穿在割刀的两个压紧轮与滚刀之间，刀刃对准管子上的切断线，转动把手使两个滚轮适当地压紧管子，但压紧力不能太大，否则转动割刀将很困难，还可能压扁管子。转动割刀前，先在割断处和滚刀刃上加适量机油，以减少刀刃的磨损。每转动割刀一圈拧刀一次，即可不间断地切入管子，直至切断。若滚刀的刀刃不够锋利或有崩缺，要及时更换。刀割的优点是切口平齐，操作简单，易于掌握，其切割速度较锯削快，但管子的切断面因受刀刃挤压而使切口的内径变小，应使用倒角器将变小部分倒掉，如图 3-49 所示。

图 3-49　断管

4. 镀锌钢管套螺纹

将管子夹紧在合适的管子台虎钳上，管端伸出台虎钳约 150m。注意，管口不得有椭圆、斜口、毛刺及喇叭口等缺陷。根据管径选取相应的一个可换打牙体放入铰扳，将铰板套进管子，拨动拨叉使铰板能顺时针带着可换板牙体转动，如图 3-50 所示。

图 3-50　钢管套螺纹

套螺纹时，操作者应面向管子台虎钳，且两脚分开站在台虎钳右侧，左手用力将铰板压向管子，右手握住手柄顺时针转动铰板，当套出 2~3 道螺纹后左手就不必加压了，可双手同时扳动手柄。

开始套螺纹时，动作要平稳，不可用力过猛，以免套出的螺纹因与管子不同心而造成啃牙、偏牙。套制过程中要不间断地向切削部位滴入机油，以使套出的螺纹较光滑以及减轻切削阻力。当套至规定的长度时，拨动拨叉使铰板逆时针带着可换板牙体转动退出管子。

若要在长度为 100mm 左右的管的两端套螺纹，由于如此短的管子夹持到管子台虎钳后，伸出的长度小于铰板的厚度因而无法套螺纹。为此，可先在一根较长的管子上套好一端的螺纹，然后按所需的长度截下，再将其拧入带有直通的另一根管子上即可在管子台虎钳上进行套螺纹了。

5. 镀锌钢管的连接

连接镀锌钢管前，要清除外螺纹管端上的污染物、金属屑等，绕制生料带时应注意缠绕的方向必须与管子（或内螺纹）的拧入方向相反，缠绕量要适中，过少起不了密封作用，过多则造成浪费。

如图3-51所示，缠绕填料后，先用手将管子（或管件、阀门等）拧入连接件中2~3圈，再用管钳等工具拧紧。如果是三通、弯头、直通之类的管件，拧紧力可稍大，对于阀门等控制件，拧紧力不可过大，否则极易将其胀裂。对于已连接好的部位，一般不要回退，否则容易引起渗漏。拧紧后螺纹外露1~2道螺纹。

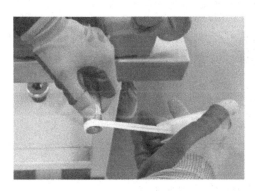

图3-51　钢管的连接

6. 镀锌钢管清理生料带

连接管道后，要对连接处多余的生料带进行清理，若生料带不能用手撕出，则为清理合格。

二、燃气管路的制作与安装

1. 计算管段的尺寸

现场测量管件、阀门的尺寸，然后根据燃气管道图计算每段镀锌钢管的尺寸，分别记录管段的长度。

2. 断管及套螺纹

根据计算的管段长度在镀锌钢管上画线，按照画线切断镀锌钢管，然后用镀锌钢管割刀割下管段，最后根据套螺纹规范给管段两端套上螺纹。按照以上步骤依次加工各个管段。

3. 螺纹连接

因为燃气管路的尺寸较大，所以应分成两个部分制作安装上墙，第一部分为不含立管的部分，先将横管部分在管子台虎钳上安装成形，并将生料带清理干净，然后上墙安装，在横管与立管连接处安装三通，再安装已经安装上堵头的上、下立管。

（1）打压　在阀门处安装压力表，进行打压试验。

（2）清理　检查清理管接口上的生料带，去除板面管道上的污迹。

（3）检查　根据图样检查与调整安装尺寸，检查水平度和垂直度。

【任务测评】

一、镀锌钢管燃气管路检测标准（见表3-38）

表3-38 评分标准

0分	1分	2分	3分
未外露1~2道螺纹	外露超过1~2道螺纹	生料带可以用手撕下	
			无错误

二、镀锌钢管燃气管路检测任务评分表（见表3-39）

表3-39 任务评分表

序号	评分内容	评分标准	配分/分	得分
1	尺寸	用直角尺配合钢直尺对管材的外壁与基准线进行检测，在管材中部便于测量的位置做好标记，然后统一测量，尺寸误差不超出±2mm为合格	4×0.5=2	
2	水平度和垂直度	用60mm的数显水平仪测量，尺寸误差不大于0.5°为合格	4×0.5=2	
3	管道连接质量	未外露1~2道螺纹，生料带可以用手撕下	4×0.5=1	
5	阀门连接	检查所有的螺纹连接，阀门端面有损伤，生料带外露，螺纹连接处没有外露1~2道螺纹，出现以上任意一种问题均为不合格	2×0.5=1	
6	管道划伤	管道上出现划伤	2×0.5=1	
7	压力试验	2min 0.2MPa压力试验，压力表数值下降不得分	2	

【知识拓展】

用镀锌钢管制作与安装燃气管道后，你还能用其他管材或者混合管材制作安装燃气管道吗？

任务七　地暖模块原理与安装技能训练

【任务目标】

1. 掌握地暖系统的原理。
2. 掌握地暖设备的安装方法。
3. 掌握地暖系统的安装质量标准。

【任务导入】

现有一户分户采暖家庭需安装地暖系统，请您按照用户需求进行管路的设计和安装。

【知识链接】

一、地暖基础知识

地暖全称地面辐射供暖，是指在地面装饰层（如瓷砖、地板等）的下面铺设一层能够发热的材料，然后通过发热材料向室内传递热量来取暖的一种方式。

1. 地暖的特点

（1）散热均匀　地暖的散热终端在室内均匀铺设，故而散热面积大，凡需采暖的部分均有均匀铺设的供热终端，与散热片空调等传统采暖方式相比，不存在水平方向明显的温度梯度，在较低的设置温度下，可实现全屋处处温暖，采暖舒适度较高。

（2）清洁健康　地暖系统的供暖原理为辐射传热，与空调、暖气等通过强制对流循环供暖相比，能有效地减少空气中的灰尘，减少空气中病菌的蔓延，使室内空气变得更加清洁卫生。

地暖系统供热符合人体温感特点，热量来自脚下，可有效地促进足部血液循环，从而改善全身血液循环，促进新陈代谢，垂直方向的温度梯度从下往上逐渐降低，在保证温暖的同时，不会有不舒适的感觉。

地暖系统设备与采暖终端可以有效隔离，而且设备运行噪声很低，甚至基本无噪声。

（3）环保节能　地暖系统采暖与传统的对流供暖方式相比，其节能效果非常明显，地暖在传送过程中热量损失较小并且热量集中在人体受益的高度内，即使室内设定温度比对流式采暖方式低 $2\sim5℃$，也能使人有同样温暖的感觉。

（4）美观大方　地暖系统采用隐藏式安装方式，室内不再有暖气片或空调器室内机，不影响室内装修风格，既美观又大方。

2. 地暖设备

分户常规地暖系统主要由燃气壁挂炉、循环泵、主管道、分集水器、地暖盘管、温控器和执行器等部分组成。

（1）燃气壁挂炉　燃气壁挂炉是以天然气、人工煤气或液化气作为燃料，燃料经燃烧器输出，在燃烧室内燃烧后，由热交换器将热量吸收，采暖系统中的循环水在途经热交换器时，经过往复加热从而不断地将热量输出给建筑物，为建筑物提供热源。图 3-52 所示为燃气壁挂炉的外观。

　　燃气壁挂炉主要根据房屋采暖热负荷进行选择，主要有 18kW、24kW、28kW 和 32kW 几种。两用燃气壁挂炉根据换热元件的不同可分为套管式和板换式两种。图 3-53 所示为套管式两用燃气壁挂炉的结构。

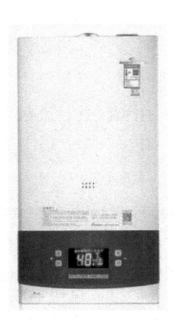

图 3-52　燃气壁挂炉的外观

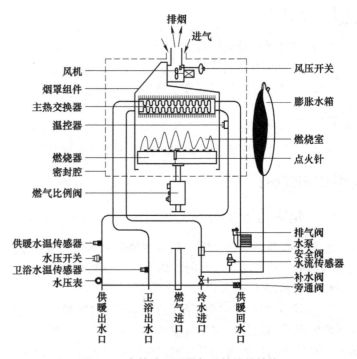

图 3-53　套管式两用燃气壁挂炉的结构

　　（2）循环泵　地暖循环泵是地暖系统安装的辅助设备，是地暖管道内水流循环的动力来源，可根据地暖循环水流量来选择循环泵。循环泵在安装过程中需要注意安装方向，必须与地暖水流方向相同，如图 3-54 所示。

图 3-54　循环水泵

　　（3）主管道　地暖系统主管道是从热源将采暖水送到分集水器的输送管道，一般国内分户采暖多采用 PPR 管和铝塑管安装，也有部分业主采用铜管或者不锈钢管安装，如图 3-55 所示。

　　（4）分集水器　分集水器包括分集水干管、排气泄水装置、支路阀门和连接配件等。

因受水力特征的影响，地暖加热管的长度需要限制在一定范围内，因此一个环路所能覆盖的面积是有限的。为此，一个区域的供暖要通过多个环路来实现，而为这些环路分配热媒和汇集热媒的装置就是分集水器，所以人们通常把分集水器称为地暖系统的心脏。整个地暖系统的热水靠分集水器均匀地分配到每个支路里，在地暖管内循环后汇集到一起，在水泵水力的作用下再次进行分配，从而保证整个采暖系统安全、正常地运行。

根据采暖面积和地暖盘管路数可选择分集水器相应的型号，如图 3-56 所示。

图 3-55　分集水器与主管道

图 3-56　分集水器

（5）地暖盘管　地暖盘管是地暖系统的散热终端，其质量好坏直接影响地暖系统的制暖效果。因为地暖盘管采用隐蔽式安装，故在同一回路中应为一根整管，通常管路中不能有接头存在，如图 3-57 所示。

地暖盘管按生产材料主要有 PB、PE-RT、PE-X、PAP 等几种。

（6）温控器　地暖温控器是为控制地暖系统设备而研制的一种末端控制产品，它可以根据人们的需要控制温度。当房间温度低于设定值时，

图 3-57　地暖盘管

温控器向电热执行器发出开启指令，电热执行器开启安装在集水主管内的阀门，热水通过阀门流过铺设在该房间地板下的地暖管，向该房间供暖。反之，当房间温度高于设定值时，温控器向电热执行器发出关闭指令，电热执行器关闭安装在集水主管内的阀门，热水不能流过铺设在该房间地板下的地暖管，停止向该房间供暖。部分型号更能分时段地设置开关机或房间温度，从而实现采暖的智能化，如图 3-58 所示。

（7）执行器　电热执行器安装在分集水器的集水主管道上，通过导线与智能房间的温控器相连。它的作用是接收房间温控器的指令，控制分集水器上的阀门开启或关闭，从而控制地暖管各环路内的水流量，进而控制各房间温度，如图 3-59 所示。

二、常用地暖设备的安装方法

这里 DLDS-PH5738A 管道与制暖平台地暖系统的安装只涉及分集水器与地暖盘管的安装，其他部分可后期扩展。

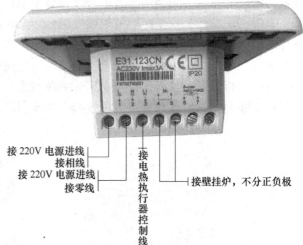

接 220V 电源进线
接相线

接 220V 电源进线
接零线

接电热执行器控制线

接壁挂炉，不分正负极

a) 温控器面板

b) 温控器接线示意图

图 3-58　温控器面板与接线示意图

1. 分集水器的安装

（1）检查及测量地暖分集水器　拆开包装后，将防护泡沫和外包装封存，养成良好的职业素养。检查分集水器的外观有无缺陷。阅读说明书，检查配件是否齐全。测量分集水器支架和分集水器出水口的尺寸。关闭分集水器上不用的出口，如图 3-60 所示。

（2）确定分集水器的安装位置　根据图样中主管道及地暖管的位置尺寸和分集水器的安装尺寸，计算分集水器支架的安装位置。在安装分集水器支架螺纹孔的位置画上标记。

（3）安装分集水器支架　根据墙上位置用自攻钉固定分集水器支架。

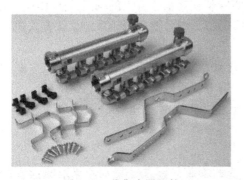

（4）安装分集水器　先将分集水器支架垫片装入分集水器支架，再将分水器与集水器分别安装到支架上并加以固定，安装时要注意测量与主管道的安装距离，以及地暖管道的位置。安装过程中注意对分集水器表面进行保护，如图 3-61 所示。

图 3-59　执行器

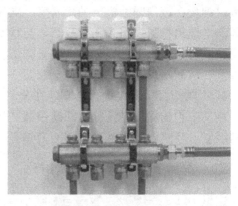

图 3-60　分集水器配件

图 3-61　分集水器的安装

2. 地暖盘管的安装

现以 DLDS-PH5738A 管道与制暖平台地暖系统安装为例，地面采用 U 形卡固定，在安装前，应根据图样中的安装尺寸和基准线位置选定 U 形卡的位置。U 形卡在管道弯曲处应加上管卡。确定管卡的位置后，用自攻螺钉固定 U 形卡，最后根据图样安装管道。在管道的安装过程中，可使用弯管簧或者弯管器对管道弯曲处进行弯制，弯制过程中注意不能将管道弯扁，如图 3-62 所示。最后清理安装地面。

图 3-62 地暖盘管的安装

【任务准备】

一、地暖系统安装材料的准备

手持材料清单去库房填写领料单，并借用工业塑料收纳盒，按照材料清单领取本次任务所需的管材管件。地暖系统配件清单见表 3-40。

表 3-40 地暖系统配件清单

序号	名称	型号规格	数量	单位
1	分集水器	4 路	1	套
2	补心		2	个
3	铝塑管	1620	1	m
4	铝塑管	1216	1	m
5	双卡压式外螺纹活接头	HJS20×3/4F	4	个
6	双卡压式内螺纹三通	T20×3/4F	1	个
7	打压套装	标配	1	套

二、装配工具的准备

管道与制暖平台装配用工具清单见表 3-41。

表 3-41 工具清单

序号	名称	型号规格	数量	单位
1	铝塑管剪刀	常规	1	把
2	直角尺	300mm	1	件
3	盒尺	5m	1	件
4	数显水平尺	600mm	1	把
5	平板尺 B	1.0m	1	把
6	平板尺 C	0.5m	1	把
7	铝塑管卡压工具	手动	1	把

（续）

序号	名称	型号规格	数量	单位
8	弯管器	$\phi22mm$（外径）用	1	把
9	弯管器	$\phi16mm$（外径）用	1	把
10	电动螺钉旋具	常规	1	把

三、图样识读与地暖系统安装

1. 识读地暖系统安装图

地暖系统安装图如图 3-63 所示。

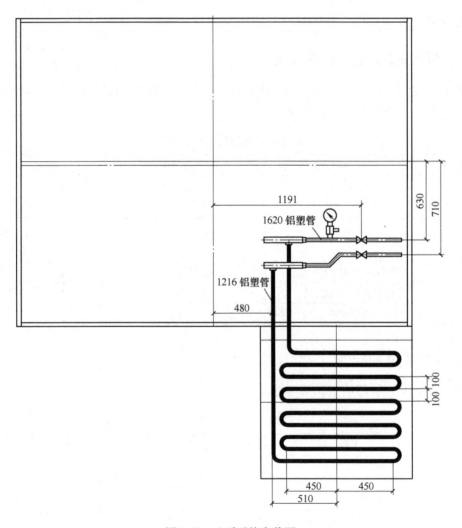

图 3-63　地暖系统安装图

2. 识读安装效果图

地暖系统安装效果图如图 3-64 所示。

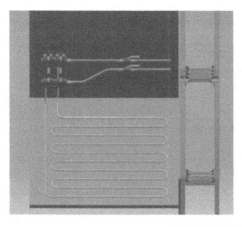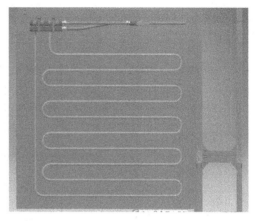

图 3-64　地暖系统安装效果图

【任务实施】

1）团队合作，2~3 人共同完成，选定项目带头人，然后做好每个人的分工。

2）拆开包装，检查配件及其外观，根据说明书正确组装分集水器。

3）根据设计图样找到安装位置，画出安装孔。

4）安装分集水器支架和分集水器。

5）根据设计图样找到地暖盘管 U 形卡的安装位置，安装 U 形卡。

6）根据设计图样安装地暖盘管。

【专家建言】地暖系统的安装质量直接关系到地暖系统的正常使用，应严格按照图样要求施工，确保地暖系统的使用功能。

7）现场管理。按照车间管理要求对装配完成的对象进行清洁，对工作过程中产生的二次废料进行整理，完成工具入箱、垃圾打扫等工作。

【任务测评】

【专家建言】在工地安装完地暖系统后，应进行打压试验，确认打压试验合格后，报送质检检查安装质量。任务评分表见表 3-42。

表 3-42　任务评分表

序号	评分内容	评分标准	配分/分	得分
1	基准线	基准线尺寸误差超过 2mm 或水平度与垂直度误差超过 0.5°为不合格，均为 0 分	5	
2	尺寸	尺寸误差不超出±2mm 为合格，不合格每处扣 0.5 分	5	
3	水平度、垂直度	用 60mm 的数显水平仪测量，尺寸误差不大于 0.5°为合格，不合格每处扣 0.5 分	5	
4	煨弯角度	用数显角度尺测量，角度误差不大于 1°为合格，不合格每处扣 0.5 分	5	
5	煨弯质量	凡有褶皱或椭圆度大于 10%，均为不合格，不合格每处扣 0.4 分	2	

（续）

序号	评分内容	评分标准	配分/分	得分
6	阀门连接	阀门端面有损伤，生料带外露以及能够用手撕下来为判定标准，同一排管路阀门方向不一致（泵阀门除外）。出现以上任意一种问题，均为不合格，不合格每处扣0.2分	1	
7	管道连接	卡套连接无松动，不合格每处扣0.5分	1	
8	管卡固定	管卡未完全安装到位、出现晃动等现象均为不合格，每处扣0.3分	1	
9	压力试验	地暖模块管路同时进行2min 0.2MPa压力试验，压力表数值下降不得分	5	

【知识拓展】

地暖系统盘管是采用设计图样方式进行安装比较好，还是按照进出管采用同进同回方式安装比较好？为什么？

附录 A　管道与制暖竞赛评分标准

一、软钎焊评分标准

1. 铜管软钎焊的外观

铜管软钎焊外观评分标准见表3-14。

2. 铜管软钎焊内部

铜管软钎焊内部评分标准见表3-15。

二、煨弯评分标准

铜管、不锈钢管、碳钢管、PEX复合管，见表A-1。

表 A-1　铜管软钎焊内部评分标准

0分	1分	2分	3分
煨弯处超过1处褶皱	煨弯处只有1处褶皱	存在煨弯标记线	无错误之处

三、卡压评分标准

1）PE-X管的评分标准见表A-2。

表 A-2　PE-X 管评分标准

0分	1分	2分	3分
	超过2处检查口看不到管材	有1个检查口看不到管材	
安装不正确			无错误之处

（续）

0分	1分	2分	3分
安装不正确	超过 2 处检查口看不到管材 	有 1 个检查口看不到管材 	无错误之处

2）碳钢管、铜管、不锈钢卡压检测评分标准见表 A-3、表 A-4。

表 A-3　碳钢管、铜管、不锈钢卡压外部检测评分标准

0分	1分	2分	3分
未正确卡压	承插深度标记线（1 处或更多）不可见	没有其他标记（1 处或更多），插入深度标记（在周围或仅一部分）在管件/管道上	无错误之处
		—	

表 A-4　碳钢管、铜管、不锈钢卡压内部检测评分标准

0分	1分	2分	3分
1）管材承插完毕后未完全插到管件底部，存有超过 1mm 的间距 2）管材承插末端收缩 3）管材末端毛刺未予以清除	—	1）管材承插末端收缩 2）管材末端毛刺未予以清除	无错误之处

（续）

0分	1分	2分	3分
			无错误之处

四、螺纹连接评分标准

全部螺纹连接之处的评分标准见表3-38。

五、尺寸评分标准

尺寸误差在±2mm内得满分，误差在±4mm内得一半的分，误差在4mm以上记0分。

六、孔标记评分标准

所有要开孔的地方均需要加以标记，以便工作人员开孔。孔标记齐全得满分，只缺失1处给0.5分，缺失超过1处记0分。

七、煨弯角度评分标准

煨弯角度是否为90°，60°，45°，30°。
角度误差在0°~1°内得满分，误差超过1°记0分。

八、垂直度与水平度评分标准

垂直度与水平度评分标准如图A-1所示。误差在0°~0.5°内得满分，误差大于0.5°记0分。

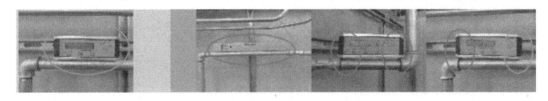

图A-1 垂直度与水平度的评分标准

九、卫生安全与健康评分标准

1）每天按照要求正确佩戴眼镜或安全眼镜得满分，否则记0分。
2）竞赛期间，焊接操作时穿着长袖服装得满分，否则记0分。
3）进行热工作时，全天穿戴焊接手套得满分，否则记0分。

十、细节部分处理评分标准

1) 管材：管材表面状况如图 A-2 所示。管材表面没有划伤或损坏得满分，否则记 0 分。

图 A-2 管材表面状况

安装管件时，完好无损坏且安装位置正确得满分，否则记 0 分。

2) 六角端面配件和阀门：六角端面和阀门如图 A-3 所示。六角端面和阀门完好无损坏得满分，否则记 0 分。

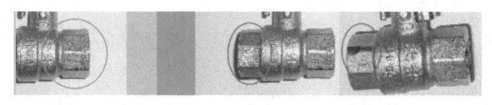

图 A-3 六角端面和阀门

3) 卫浴设备：卫浴设备拆装过程完好无损坏得满分，否则记 0 分。

十一、清洁评分标准

1) 除了基准线，模块墙上没有其他辅助线得满分，否则记 0 分。
2) 在模块墙上没有烧伤得满分，否则记 0 分。
3) 在墙壁上没有长度大于 2cm 或宽度超过 2cm 的污点得满分，否则记 0 分。
4) 模块墙上没有因选手个人原因引起的错误钻孔或螺纹孔得满分，否则记 0 分。
5) 午餐或比赛结束后，对工位进行检查，工位地面没有管材得满分，否则记 0 分。

十二、所有阀门与泵评分标准

阀门或水泵方向安装正确得满分，否则记 0 分。

十三、按时完成评分标准

在分配的时间内完成得满分，否则记 0 分。

十四、模块结束与移交评分标准

1) 供暖管道：所有的出水、回水管道位置连接正确得满分，否则记 0 分。
2) 冷热水管道：冷热水管道末端连接位置正确得满分，否则记 0 分。
3) 管径：按要求使用相应的管径，管材得满分，否则记 0 分。
4) 整体系统：竞赛结束后，完成的整体管路与图样要求一致得满分，否则记 0 分。

附录 B 软钎焊操作指南

一、软钎焊施工准备

软钎焊施工准备如图 B-1 所示。

1) 穿戴好规范劳保用品，如工作鞋、护目镜、长袖、焊接手套等。

2) 工具材料准备，如焊枪、倒角器、焊锡丝、助焊剂、百洁布、湿抹布、记号笔、喷水壶、φ16mm 纯铜管和配件等。

二、软钎焊施工

1. 对管道进行切割（见图 B-2），使用倒角器倒角、去毛刺

通过观察图 B-3 可以发现，铜管除了切口处有毛刺，外形也存在少许变形。观察图 B-4，经过倒角处理后，除去了切割处的毛刺外，还将管外径变小了。

图 B-1　准备工作

图 B-2　切割操作

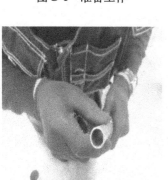

图 B-3　倒角前

图 B-4　倒角后

2. 去除铜管表面氧化层

使用百洁布对管子焊接部分进行打磨，直到呈现抛光色，对管件内部表面也用同样的方法去除氧化层，如图 B-5 所示。

3. 涂抹助焊剂

氧化层表面需要涂抹助焊剂，但助焊剂不宜涂抹过多或过少，应均匀涂抹，具体操作如图 B-6 所示。

图 B-5　铜管表面处理

4. 固定管件或管子准备焊接

为了便于焊接，焊接时将管件或管子的一端固定在台虎钳上，固定牢靠后方可焊接，操作如图 B-7 所示。

图 B-6　涂助焊剂

图 B-7　固定管子

5. 焊接

1）调节焊枪火焰的大小和合适温度，如图 B-9 所示。

2）对铜管进行预热。焊枪火焰达到一定时，不宜过大。对焊接部分的铜管进行 360° 均匀燃烧，预热焊口，如图 B-9 所示。

图 B-8　调节焊枪温度

图 B-9　铜管预热

3）到达焊接温度后，注入焊锡丝，完成焊接。焊接时，温度控制很重要。当达到焊接温度时，焊锡丝方可熔化，快速流至一圈。当温度过高时，焊缝会呈黑色，表面焦状。焊接流程如图 B-10 所示。

图 B-10　焊接流程

附录 C　弯管工具的使用与管道连接

一、万用弯管器的使用

1. 弯管施工前的准备

1）穿戴好防护用品，如工作鞋、护目镜、长袖、手套等，如图 C-1 所示。

2）准备工具材料：罗森博格万用弯管器、记号笔、尺、φ22mm 不锈钢管等。

2. 不锈钢管煨弯操作

（1）连接设备配件　连接弯管器把柄，确保拧紧，如图 C-2 所示。

（2）固定弯管器　将弯管器固定到台虎钳上，如图 C-3 所示。

图 C-1　准备工作

图 C-2　连接配件

图 C-3　固定弯管器

（3）标记起弯点　在 0 刻度线对应的管子上标记起弯点，管子朝向一定要弄清楚，如图 C-4 所示。

（4）煨弯　起弯点确定后即可煨弯。煨弯时用力要均匀且一步到位，如图 C-5 所示。

图 C-4　标记起弯点

图 C-5　煨弯操作

二、铝塑弯管器的使用

1. 弯管施工前的准备

1）穿戴好防护用品，如工作鞋、护目镜、长袖、手套等，如图 C-6 所示。

2）准备工具材料：罗森博格铝塑弯管器、记号笔、尺、φ16mm 铝塑管等。

2. 铝塑管煨弯

（1）连接设备配件　连接弯管器把柄，确保后拧紧方可煨弯，如图 C-7 所示。

图 C-6　准备工作

图 C-7　连接配件

（2）铝塑管校直　铝塑管校直时，需要先松后紧，不能一下子压得很紧，否则管子易产生变形，如图 C-8 所示。

（3）弯管器定位　将管子固定到设备上，卡扣有对应的尺寸，应与所弯管子相符，如图 C-9 所示。

（4）煨弯　定位完成后，按压下面的把柄，开始煨弯，如图 C-10 所示。

图 C-8　铝塑管校直

图 C-9　弯管器定位

图 C-10　煨弯操作

三、万用卡压钳的使用

1. 卡压施工前的准备

1）穿戴好防护用品，如工作鞋、护目镜、长袖、手套等，如图 C-11 所示。

2）准备工具材料：万用卡压钳、记号笔、$\phi22mm$ 不锈钢管、配件等。

2. 卡压施工

（1）调试设备　将卡压模头装在卡压钳上并锁紧保险。装上电池，先空压一次，试验设备能否正常使用，如图 C-12 所示。

（2）检查标记线　将管子插到底，用黑色记号笔画一条承插深度线，需画半圆，如图 C-13 所示。

图 C-11　准备工作

图 C-12　调试设备

图 C-13　检查标记线

（3）卡压　一切准备就绪后，按下红色开关，卡压工作开始，如图 C-14 所示。

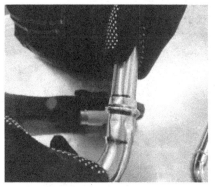

图 C-14　卡压操作

四、管道连接

（一）管道连接前的准备

（1）工具准备　里奇弯管器、里奇割刀、铝塑快剪、铝塑倒角器、不锈钢倒角器、记号笔和生料带等。

（2）材料准备　$\phi22mm$ 不锈钢管、$\phi16mm$ 铝塑管、配件等，如图 C-15 所示。

（二）管道连接操作

1. 不锈钢管的连接

（1）标记尺寸　用尺子量取需要的尺寸，并用记号笔或者铅笔进行标记，如图 C-16 所示。

（2）切割操作　将割刀刀片对准标记线，开始均匀地进刀并反复旋转，直至切断，如图 C-17 所示。

图 C-15　准备工作

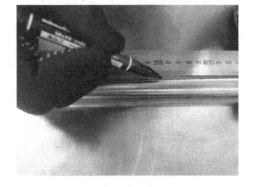

图 C-16　标记尺寸

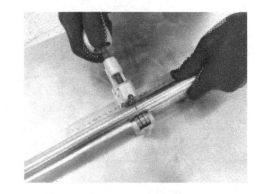

图 C-17　切割操作

（3）倒角与去毛刺　管子切割完成后，必须对切口进行处理，特别是要将毛刺清理干净，然后进行倒角处理，使其切口光滑，且不破坏管件，如图 C-18 所示。

（4）连接　上述步骤完成后，对不锈钢管与不锈钢 90°的管接头进行连接，如图 C-19 所示。

图 C-18　倒角与去毛刺

图 C-19　连接

2. 铝塑管的连接

（1）标记尺寸　用尺子量取需要的尺寸，并用记号笔或者铅笔进行标记，如图 C-20 所示。

（2）切割及去毛刺　用手动切割机对准标记线进行切割，如图 C-21 所示。切割完成后对切口处的毛刺进行处理，如图 C-22 所示。

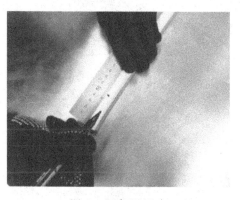

图 C-20　标记尺寸

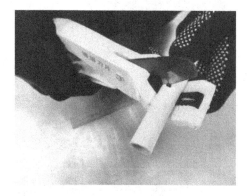

图 C-21　切割操作

（3）倒角　通过观察不难发现切口处有变形且铝塑管表面切口有锋利的毛刺，如图 C-23 所示；经过倒角处理后表面光滑使切口呈圆润状且外径比原来尺寸要小一些，但内径不发生变化，这样易于插入连接器管口里，如图 C-24 所示。

图 C-22　去毛刺

图 C-23　倒角前

（4）连接

1）合格连接：将已切割完成的铝塑管插入连接器中，要完整地插入并充满连接器，可通过观察窗口查看插入情况，如图 C-25 所示。

2）不合格连接：铝塑管只进入连接管中一部分，此种连接不合格，如图 C-26 所示。

（5）对准与煨弯　将管子固定在弯管器上，对准标记的零刻度线，如图 C-27 所示；弯至所需角度，如图 C-28 所示。

图 C-24　倒角后

图 C-25　合格连接

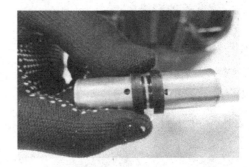

图 C-26　不合格连接

图 C-27　对准刻度线

图 C-28　煨弯操作

（6）角度检测　煨弯操作完成后，要对其进行角度检测（见图 C-29），察看是否符合弯曲要求，若不合格应进行校正。

3. 生料带的使用

（1）缠绕生料带　将生料带平绑至螺纹口，拉紧缠绕 8~10 圈，如图 C-30 所示。

（2）连接管件　先用手拧紧管件与阀门，再使用扳手加以紧固，如图 C-31 所示。

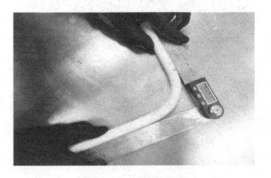

图 C-29　角度检测

图 C-30　缠绕生料带

（3）固定管件　将待连接管件一端固定在台虎钳上，这样便于连接操作，如图 C-32 所示。

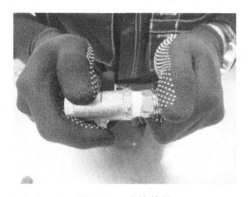

图 C-31　连接管件　　　　　　　　　　　　　图 C-32　固定管件

（4）拧紧管件　使用配套扳手对管件连接进行加固，加固至拧紧状态，如图 C-33 所示。

（5）清理生料带　使用钢刷去除表面生料带，直到无生料带为止，如图 C-34 所示。

图 C-33　拧紧管件　　　　　　　　　　　　　图 C-34　清理生料带

（6）连接成形　连接安装完成后的效果如图 C-35 所示。

图 C-35　连接效果

附录 D 竞赛主要器具安装说明

一、坐便器安装说明

（1）安装环境

1）安装前，卫生间的墙砖、地砖已完成施工，且预留了坑管和给水管路。

2）坑管中心点至墙的距离符合所购坐便器的坑距。

（2）安装步骤

1）如果有旧的坐便器，应在关掉水源后再拆除旧坐便器。如果是新安装的坐便器，请关掉水源并清洁地面。

① 如果不马上安装新坐便器，请用干净的物品堵住坑管下水口，以防水泥、油灰等杂物落在坑管内，堵住管路。

② 地面应平整，如不平整，可能会造成坐便器安装后开裂。

2）确定坐便器的安装位置，将坐便器（排污口）对准地排管道下水口慢慢放下，调整正确位置，然后（用铅笔）在坐便器的四周画上标记线，并确认安装。

3）在标记线的内侧打上玻璃胶。

4）将配套的密封圈安装到坑管口，注意要方正，四周压平。

5）小心地将坐便器对准法兰盘，并使法兰穿过坐便器地基安装孔，慢慢向下压坐便器，直至水平。

6）将水箱和进水角阀连接在一起。注意：水压不够时应加装增压泵。

7）在坐便器和地面的连接处打上防霉硅胶密封。

8）检查补水管是否插入溢水管。

9）慢慢地打开进水角阀，并检查连接点的密封性。

二、面盆安装说明

面盆的安装步骤如下：

1）取出面盆水龙头，检查所有的配件是否齐全。安装前，务必清除安装孔周围及供水管道中的污物，确保面盆水龙头进水管路内无杂质。为了保护水龙头表层不被刮花，建议戴着手套进行安装。

2）取出面盆水龙头橡胶垫圈，垫圈用于缓解水龙头金属表面与陶瓷盆接触的压力，保护陶瓷盆，然后插入一根进水管并旋紧。

3）把螺纹接头穿入第一根进水软管，然后再把第二根进水软管的进水端穿过螺纹接头。

4）把第二根进水软管旋入进水端，注意方向正确，用力均衡，然后再旋紧螺纹接头。

5）把两根进水软管穿入白色胶垫中。

6）套上锁紧螺母，以固定水龙头。

7）将套筒拧紧即可。

8）分别锁紧两根进水管与角阀接口，切勿用管钳全力扳扭，以防变形甚至扭断。注意冷、热水管的连接。

三、淋浴花洒安装说明

淋浴花洒的安装步骤如下：

1）先从产品包中找到"偏心接头"，也就是两头都带螺纹的好像有点错位的铜接头。将它们用生料带包上，然后与预埋好的出水管接头连接妥当。在安装时，一定要注意用偏心接头调节墙上的两个出水口的距离，控制在15cm左右，并且高度距离地面在90~100cm为宜。

2）组装好接头主体和主体出水管，连接前也要用生料带将螺纹包好。然后把安装好的主体花洒水龙头放在前面出水口的位置对接看一下。将花洒杆中间需要用螺钉固定的位置先在墙面上画好线，以便于定位安装固定座。

3）在花洒固定座的位置钻孔并放入"尼龙锚栓"，然后用螺钉将固定座固定在墙面上。

4）花洒杆和花洒水龙头组合后安装到偏心接头的各固定座上，如果有些位置对不上，可以通过调节偏心接头盒固定座来进行一些适当的调整。安装时一定要注意水龙头后面的螺母与偏心接头之间一定要安装密封垫圈。

5）安装完水龙头再将花洒顶喷安装在花洒杆顶端弯管上。为了确保连接稳固，用不锈钢软管连接水龙头主体和手持花洒。完成后，可以试用一下，看有没有漏水的情况发生。

附录 E   竞赛主要设备、工具和耗材

表 E-1   竞赛主要设备和工具

名称	外形	备注	名称	外形	备注
"Z"形实训设备		"Z"形双工位布置	太阳能工作站模组		配安装自攻螺钉
绿色燃气热力源系统		DLDS-BGL	高效多路热换系统		($\frac{3}{4}$in进出口)
太阳能集热系统		DLDS-TYN	暖气片		565mm×490mm（长×宽）（$\frac{1}{2}$in进出口）

（续）

名称	外形	备注	名称	外形	备注
物料架		1800mm× 400mm× 1800mm （长×宽×高） 6层	活扳手		300mm
工具车		可移动带 工具挂架	电工钳		180mm
人字梯		高度不小于 1.2m，四步梯	锁紧钳		180mm
管钳		12in	内六角 扳手		九件套
不锈钢管 卡压工具		φ22mm； φ16mm，电动	不锈钢 管割管器		6~35mm
铝塑卡压 工具		φ22mm； φ16mm	弯管器		φ16mm
铝塑管 剪刀		3~35mm	弯管器		φ22mm
活扳手		250mm	锯弓		305mm

（续）

名称	外形	备注	名称	外形	备注
锯条		24齿	手电钻去毛刺工具适配器		11044
盒尺		5m	试漏喷剂		250mL
数显水平尺		600mm	十字批头		铬钼钢50mm
记号笔		双头	钢丝刷		直头
锉刀		6in	铜管用圆刷		ϕ22mm
数显游标卡尺		200mm	喷水壶		1L
铅笔		2B	钢直尺		1.5m；1m；0.5m
手电钻		12V	直角尺		300mm；150mm

（续）

名称	外形	备注	名称	外形	备注
磁性线坠		5m	壁纸刀		18mm
PP 管割刀		50~150mm	纸胶带		45mm（宽）
铝塑管校直机		16~22mm	组合呆扳手		8~19mm
圆孔器		ϕ22mm；ϕ16mm；ϕ12mm	弯管器弹簧		内弹簧 16 管用
不锈钢倒角器		223S	弯管器弹簧		内弹簧 20 管用
数显角度尺		0°~225°	弯管器弹簧		外弹簧 16 管用
高精度数显倾角仪		60mm	弯管器弹簧		外弹簧 20 管用
橡胶锤		300g	圆头锤		1-54-912 金工锤

表 E-2　竞赛主要耗材

名称	外形	备注	名称	外形	备注
PE 管		D110，2m/条	PE 管堵		D75
PE 管		D75，2m/条	PE 管堵		D110
PE 管		D50，2m/条	带胶管夹		D110
PE90°弯头		D110	带胶管夹		D75
PE90°弯头		D50	带胶管夹		D50
PE 顺水三通		D110	玻璃胶		—
PE 异径三通		110mm×110mm×75mm	玻璃胶枪		—
PE 异径斜三通		75mm×75mm×50mm	铝塑管（盘管）		冷水，白色，ϕ16mm
PE 45°弯头		D50	铝塑管（盘管）		冷水，白色，ϕ20mm

（续）

名称	外形	备注	名称	外形	备注
铝塑管（盘管）		热水，橙色，ϕ16mm	卡压式内螺纹直通接头		1620 管用×3/4
铝塑管（盘管）		热水，橙色，ϕ20mm	铝塑管双卡压式等径三通		T16
铝塑管卡压式内螺纹活接头		HJS16×1/2F	铝塑管双卡压式等径三通		T20
铝塑管卡压式内螺纹活接头		HJS20×3/4F	铝塑管卡压式异径三通		T20-16-16
铝塑管双卡压式内螺纹三通		T20×1/2F	铝塑管卡压式异径三通		T20-16-20
铝塑管双卡压式90°等径弯头		L1216	铝塑管卡压式异径直接头		L20-16
铝塑管双卡压式90°等径弯头		L1620	螺母		M8
卡压式直角内螺纹接头		1216 管用×1/2	螺母		M10
卡压式内螺纹直通接头		1216 管用×1/2	螺杆		M8×1000mm

（续）

名称	外形	备注	名称	外形	备注
螺杆		M10×1000mm	全铜单向阀		$\frac{3}{4}$in
自攻螺钉		M4×16（大平圆头）	球阀（全铜）		DN20，黄色
螺纹六角对丝		G3/4（外）转 G3/4（外）	球阀（全铜）		DN15，黄色
螺纹六角对丝		G1/2（外）转 G3/4（外）	Y形过滤器全铜球阀		$\frac{3}{4}$in，红色
外六角对丝		G1（外）转 G3/4（外）	生料带		单卷20m，加厚
不锈钢活接头		DN20	暖气片恒温混合阀		角式，$\frac{1}{2}$in
排气阀		DN15	全铜系统安全阀		$\frac{1}{2}$in
不锈钢球阀		$\frac{1}{2}$in，DN15	管卡底座 A		M10
不锈钢球阀		$\frac{3}{4}$in，DN20	管卡底座 B		M8

（续）

名称	外形	备注	名称	外形	备注
不锈钢管夹		φ22mm	内螺纹转换接头		20×1/2
不锈钢管夹		φ16mm	卡压式不锈钢变径三通		T20×15×20
混水阀		$\frac{1}{2}$in	卡压式不锈钢等径三通		T20
不锈钢管（直管）		DN20，3m/根	卡压式不锈钢内螺纹活接头		HJS15×1/2F
不锈钢管（直管）		DN15，3m/根	卡压式不锈钢内螺纹活接头		HJS20×3/4F
双卡压式不锈钢90°等径弯头		L20	45°弯头		DN20
外螺纹转换接头		20×1/2	管帽		DN20（卡压式）
内螺纹转换接头		20×1/2	补芯		G1/2（内）转G3/4（外）
外螺纹转换接头		20×3/4	双卡压式不锈钢内螺纹三通		T15×1/2F

（续）

名称	外形	备注	名称	外形	备注
双卡压式不锈钢内螺纹三通		T20×3/4F	纯铜焊接型内螺纹活接头		S22-3/4F
双卡压式不锈钢内螺纹三通		T20×1/2F	对丝六角转接头		$\frac{3}{4}$in 转 $\frac{1}{2}$in
纯铜管（直管）		DN15.88×1.0mm，4m/根	双外螺纹对丝铜接头		外六角 $\frac{1}{2}$in
纯铜管（直管）		DN22×1.2mm，4m/根	外螺纹活接头		黄铜 VS 纯铜（焊接）22×3/4
纯铜焊接型变径三通		T22-16-22	外螺纹活接头		黄铜 VS 纯铜（焊接）16×1/2
纯铜焊接型90°等径弯头		L22	全铜外螺纹堵头		外螺纹 G1/2
纯铜焊接型管帽		DN22	焊炬		WK-030
纯铜焊接型内螺纹活接头		S16-1/2F	无氧焊枪气体		0.45kg

（续）

名称	外形	备注	名称	外形	备注
低熔点焊条		SnCu0.7（无铅焊料）	马桶		后排水
助焊剂		环保物料	明装升降杆花洒		—
防爆天然气软管		$\frac{1}{2}$in，50cm	立柱式洗手盆		—
冷/热水角阀		$\frac{1}{2}$in，蓝色	地暖分水器		2路，进水口1in接口，16mm适配器
冷/热水角阀		$\frac{1}{2}$in，红色	PVC U形管卡		用于外径为ϕ16mm的管
循环增压泵		$\frac{3}{4}$in	金属编织防爆高压冷热进水软管		$\frac{1}{2}$in，50cm

附录F　典型案例解析

2018年中国技能大赛暨第45届世界技能大赛全国选拔赛管道与制暖项目主要由4个模块组成：模块一，采暖系统制作与安装；模块二，燃气系统制作与安装；模块三，冷热水系统制作与安装；模块四，地暖系统制作与安装。

本次大赛涉及的材料主要有：铝塑复合管、不锈钢管、铜管及其配套管件等。设备安装考核技能主要有：不锈钢管、铝塑管的卡压连接，铜管的焊接，各类管材的煨弯，各管路系统的安装，系统测试及故障检测、分析、维护等。

基准线是管道与制暖项目中设备及管道安装的位置基础，基准线绘制的准确性直接决定设备及管道安装的质量、分值及美观度。因此，选手在进行基准线的绘制时，应将钢直尺与水平尺配合使用，以确保基准线横平竖直、位置精确。

比赛中对基准线的要求是：若基准线的尺寸误差超过2mm，水平度和垂直度误差超过0.5°，则与之相关的尺寸分数为0分。

以竞赛中"A面板"为例，如图F-1所示，图中基准线有两条，分别为横基准线和竖基准线。基准线的绘制同样有其基础，其中横基准线是以本部分面板底部为基础，1000mm为横基准线基础尺寸，而竖基准线是以本部分面板左侧为基础，1500mm为竖基准线基础尺寸，即横基准线以A面板下沿为基准，向上量1000mm绘制的；竖基准线是以A面板左侧边沿为基准，向右量1500mm绘制的。绘制基准线时，应采用数显水平尺与钢直尺配合的方式进行，数显水平尺主要根据显示的角度（水平为0°，垂直为90°）来确定基准线的水平度和垂直度，钢直尺用于测量尺寸及画线。

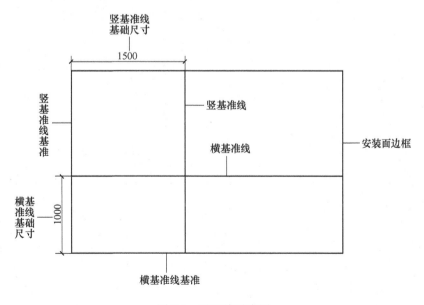

图F-1　基准线示意图

绘制基准线时，在保证安全的前提下允许使用梯子，注意保持模块墙表面清洁。

模块一　采暖系统制作与安装

采暖系统主要是供家庭取暖使用的管道及配套设备，包含不锈钢管道、管件、壁挂炉、暖气片、循环泵和阀门等，以卡压连接和煨弯为主，重点考查选手对采暖原理的理解、采暖管道的煨弯质量、管道的卡压连接、管道的安装质量、设备与管道的配合等方面。

采暖管道的制作安装所需要的主要工具包括钢直尺、割管器、倒角器、卡压钳、弯管器、手电钻、台虎钳、数显倾角仪、数显水平尺和活扳手等。其中，钢直尺用于测量尺寸，割管器用于切割管道，倒角器用于去除毛刺，卡压钳用于管道与管件的卡压连接，弯管器用于管道的煨弯，手电钻用于管卡的安装及管道固定。另外，阀门、循环泵采用螺纹连接，连接前需缠生料带。

采暖管道的主要评分项包括安装尺寸（包括离墙间距、过桥弯内管材净间距）、水平度、垂直度、煨弯角度、煨弯质量、阀门连接（螺纹连接）、管道连接（以卡压连接为主）、管卡固定、完成度和压力试验等方面。

在国赛试题中，采暖管道如图 F-2 所示。

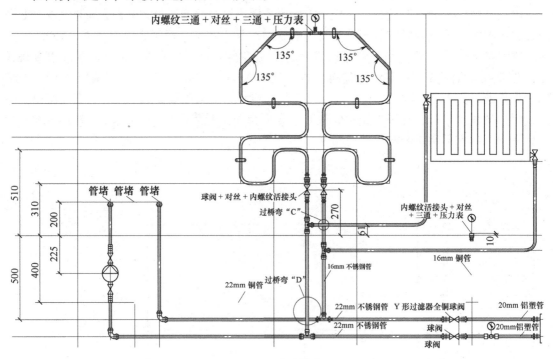

图 F-2　采暖管道

采暖管道主要为不锈钢管道，以卡压连接和折弯为主，阀门处为螺纹连接。本部分所包括的零件有：DN22 不锈钢管、DN16 不锈钢管、90°弯头（卡压式，DN22）、等径三通（卡压式，T16×16×16）、异径三通（卡压式，T20×20×16）、管堵（卡压式，DN20）、对丝、内螺纹活接头、内螺纹三通、球阀、循环泵、角阀、暖气片、管支架等。

本题目中包含两处过桥弯，分别是"过桥弯 C"和"过桥弯 D"，如图 F-3 所示。

由图 F-3 可以看出，两种过桥弯存在明显区别：过桥弯 C 跨过一根管，两根管的外壁距离最近处为25mm，管道距墙60mm；过桥弯D跨过两根管，故跨度较大，与较外侧管的两管外壁距离最近为25mm，管道距墙110mm。

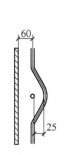

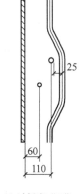

a) 过桥弯"C"   b) 过桥弯"D"

图 F-3　过桥弯示意图

1. 管道卡压

（1）工具准备　采暖管道卡压使用的主要工具包括：卡压钳、钢直尺、割管器、记号笔、倒角器和弯管器等。

（2）管道切割　根据尺寸量出管道长度，画线（见图F-4），在画线处用割管器切割管道（见图F-5）。割管时注意力度，以防止管材缩径。

（3）去除毛刺　管材切割完成后，应用倒角器去除毛刺，如图F-6所示。

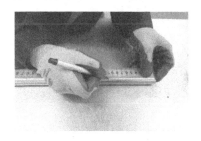

图 F-4　划线

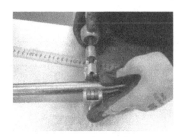

图 F-5　切割

图 F-6　去毛刺

（4）卡压连接　首先标记承插深度线，使管件完全插入承插口，如图F-7所示；确认管件内槽内的密封圈正确安装，将管道插入管件承插口内；打开卡压钳模具，将管件的凸起部位放在模具凹形槽内，钳口与管轴线保持垂直，进行压接，如图F-8所示。

图 F-7　插入

图 F-8　卡压

2. 管道折弯

（1）工具准备　采暖管道折弯使用的主要工具包括：钢直尺、割管器、记号笔、倒角器和弯管器等。

（2）折弯管道　本部分需要折弯的管道只涉及ϕ16mm尺寸一种。

16mm弯管器的结构如图F-9所示。

管道折弯及弯管器的使用方法如下：

1）握住弯管器成型手柄，或将弯管器固定在台虎钳上。

2）松开挂钩，抬起滑块手柄。

3）将管道放置在成型盘槽中，并用挂钩将其固定在成型盘中。

4）放下滑块手柄直至挂钩上的"0"刻度线对准成型盘上的0°位置，如图F-10所示。

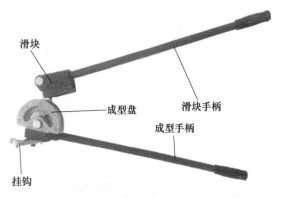

图 F-9　16mm 弯管器的结构

图 F-10　将挂钩上的"0"刻度线对准成型盘上的0°

5）绕着成型盘旋转滑块手柄直至滑块上的"0"刻度线对准成型盘上所需的度数。滑块上的"0"刻度线对准成型盘上的"45°"，如图F-11所示；滑块上的"0"刻度线对准成型盘上的"90°"，如图F-12所示。

图 F-11　"0"刻度线对准"45°"

图 F-12　"0"刻度线对准"90°"

另外，由于材料的原因，不锈钢、铜管等金属管在折弯后会产生一定量的回弹，回弹一般在1°~3°，具体情况自己可在实践中摸索。

3. 管道安装

安装管道前，应先固定管卡。管卡位置应根据实际情况，避开阀门、循环泵、折弯、三通、弯头等不宜安装的地方。

由于管道与墙之间的距离有严格要求，因此管卡的螺杆部分需要自己截取。

管卡安装完成后，可以将管道固定在管卡上，保证牢靠、稳定、准确。在安装过程中，使用倾角仪或水平尺随时测量安装水平度与垂直度、离墙距离等参数，若有偏差应及时纠正，以保证横平竖直、美观无误。

4. 压力试验

安装完成的管道需进行压力试验，注意进气口与压力表安装口的位置。压力试验要求在2min内保持0.2MPa无泄漏，在本模块的规定时间内允许选手进行维修，直至合格。若时间到达时没有通过压力试验，则没有试压成绩。

模块二　燃气系统制作与安装

燃气管道主要用于家庭的燃气供应，包含铜管、管件、阀门等。燃气系统以钎焊和煨弯为主，重点考查选手对燃气管道的应用范围、铜管钎焊、铜管煨弯、管道安装等方面的内容。

燃气管道制作安装所需要的工具主要包括割管器、倒角器、钢直尺、手电钻、台虎钳、数显倾角仪、数显水平尺、活扳手、焊具和喷壶等。其中，钢直尺用于尺寸测量，割管器用于管道切割，倒角器用于去除毛刺，焊枪用于铜管焊接，弯管器用于管道的煨弯，手电钻用于管卡安装及管道固定。另外，阀门采用螺纹连接，连接前需缠生料带。

冷热水管道的主要评分项包括安装尺寸（包括离墙间距、过桥弯内管材净间距）、水平度、垂直度、煨弯角度、煨弯质量、阀门连接（螺纹连接）、管道连接（以焊接为主）、管卡固定、完成度和压力试验等方面。

此次竞赛中，燃气管道如图 F-13 所示。

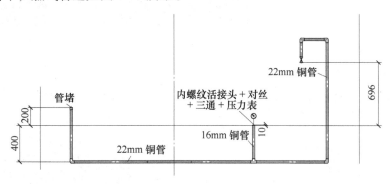

图 F-13　燃气管道

燃气管道主要是铜管，以焊接为主，其中焊接是难点。本部分主要包含 DN22 铜管、DN16 铜管、三通、阀门、90°弯头、管堵、内螺纹活接头和对丝等部件。所需要的工具主要有：割管器、倒角器、钢直尺、手电钻、台虎钳、数显倾角仪、数显水平尺、活扳手、焊具和喷壶等。

本部分的焊接主要为软钎焊，如图 F-14 所示。

1. 铜管软钎焊工具简介

铜管软焊接时主要采用火焰喷枪（见图 F-15）的火焰进行加热焊接。

火焰喷枪属于易燃易爆危险品，使用时应注意安全操作。用完后应关闭气体开关旋钮，锁紧保险销。

2. 焊接步骤

焊接时应严格按步骤进行操作，否则，将会影响焊接的质量。

1）根据图样要求的尺寸和管径量取相应的长度，并用

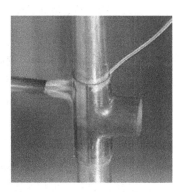

图 F-14　铜管软钎焊

线号笔记下位置，如图 F-16 所示。

2）用割管器切断铜管，要保证管口平齐、不变形。

3）用倒角器将割口的毛边锉平（见图 F-17），并用抹布擦拭干净，以保证焊口处无杂质、油渍、氧化膜等影响焊接质量的杂物。

喷嘴
保险销
气体开关
调节旋钮
打火
开关
储气罐

图 F-15　火焰喷枪

图 F-16　下料

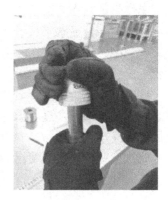

图 F-17　倒角

4）利用小毛刷将焊锡膏均匀地涂抹在承插口，如图 F-18 所示。

5）将要焊接的铜管叠插入管件且圆心对准，并将其夹持在台虎钳上，注意夹持力度，防止变形，如图 F-19 所示。

图 F-18　涂抹焊锡膏

图 F-19　夹持管件

6）调整火焰，进行管道预热，预加热温度在150℃左右，此时将火焰移至钎料注入点的背后，对管材进行加热，温度控制在 250℃左右；将火焰稍微移开，使管材的温度保持在 250℃左右，另一边沿 45°斜向下开始送丝（如图 F-20 所示，不允许过热，过热会使钎料沿着管子流下去，而不聚集于焊接处，影响焊接质量），直到钎料充分熔化并饱满地填充进焊缝。焊接时，火焰不得直接加热焊条。

7）移去火焰，在钎料完全凝固以前，保持焊件

图 F-20　焊接

不相互错位。

8）检查焊后的焊接质量，焊接是否均匀，表面是否光滑，是否有氧化、气泡、歪斜等缺陷，如图 F-21 所示。

9）用喷壶将水喷在焊接的部位，迅速用棉布将多余的焊锡膏擦拭干净，同时观察钎料是否已经将缝隙填满。如果缝隙未被填满，则重新加热、送丝，直至整个缝隙都能看到钎料。

10）对于高温条件下易变形、损坏的部件，应采取相应的保护措施。角阀、蒸发器。冷凝器等，要用湿纱布包扎接口后再进行焊接，对于电磁阀、膨胀阀、液镜、四通阀，能拆开的一定要拆开后焊接，不能拆的同样采取以上措施。

图 F-21　检查焊接质量

3. 管道安装/压力试验

本部分管道的安装及压力试验与采暖部分类似，可参照执行。

模块三　冷热水系统制作与安装

冷热水系统主要用于家庭供水，包括冷水和热水，包含铝塑管道、管件、阀门、循环泵、水龙头、花洒、洗手盆、马桶。冷热水系统管道的制作安装以卡压和煨弯为主，重点考查选手对冷热水供应原理的理解，以及对铝塑管卡压连接、铝塑管煨弯、管道安装质量、管道终端设备安装等方面的掌握程度。

冷热水管道制作安装所需要的主要工具包括钢直尺、铝塑管剪刀、整圆器、校直机、卡压钳、弯管器和手电钻等。其中，钢直尺用于测量尺寸，铝塑管剪刀用于切断铝塑管，整圆器用于剪切完管道后整圆管口，校直机用于将弯曲的铝塑管校直，卡压钳用于管道与管件的卡压连接，弯管器用于管道的煨弯，手电钻用于管卡安装及管道固定。另外，阀门、循环泵采用螺纹连接，连接前需缠生料带。

冷热水管道的主要评分项包括安装尺寸（包括离墙间距尺寸、过桥弯内管材净间距尺寸）、水平度、垂直度、煨弯角度、煨弯质量、阀门连接（螺纹连接）、管道连接（以卡压连接为主）、管卡固定、完成度和压力试验等方面。

竞赛中，冷热水管道如图 F-22、图 F-23 所示。

冷热水管道的材质为铝塑管，其制作安装以卡压连接和煨弯为主，阀门部分是螺纹连接。由图样可以看出，本部分含有大量过桥弯，以"过桥弯 B"和"过桥弯 C"为主，两种过桥弯的形式如图 F-24 所示。

本部分所需要的工具主要有卡压钳、弯管器、剪刀、校直机、整圆器、钢直尺、手电钻、台虎钳、数显倾角仪、数显水平尺和活扳手等。

1. 卡压前的准备

（1）管道校直　由于铝塑管道的供应为成卷供应，因此，铝塑管在使用前应先使用专用校直机（见图 F-25）进行校直。

使用校直机时，先将底部 4 个吸盘吸在平整的桌面上，固定好校直机。校直铝塑管时，先将铝塑管放入校直机内，并使铝塑管的弯曲方向为向上或向下，切不可向左或向右弯曲，以防止铝塑管滑出校直轮进而损伤管道。旋转校直机上方旋钮可改变校直机的卡紧程度，调至松紧合适时前后抽动铝塑管直至管道平直。校直机的卡紧程度直接关系到铝塑管的校直质

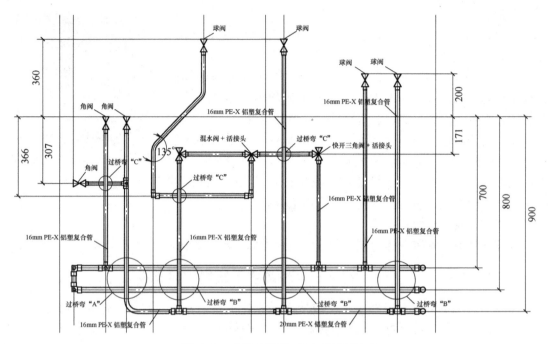

图 F-22　冷热水管道（B 面板部分）

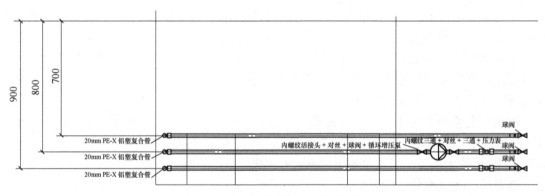

图 F-23　冷热水管道（A 面板部分）

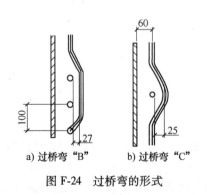

a) 过桥弯 "B"　　b) 过桥弯 "C"

图 F-24　过桥弯的形式

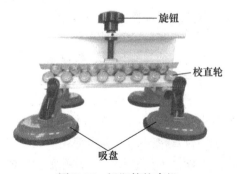

图 F-25　铝塑管校直机

量。若卡得过紧，将使管道弯向相反的方向；若过松则起不到应有的校直效果。

（2）管道截断　截断铝塑管需用专用剪刀（见图F-26）。将管道按尺寸做好标记，伸入剪刀内，保持剪刀与管道垂直，切断管道。由于剪刀刃非常锋利，使用时需注意自身安全！弯曲管道直管时，应采用弯管器进行折弯。

（3）管口整圆　切割完的铝塑管管口不够圆整，需要用整圆器（见图F-27）进行整圆。本整圆器拥有$\phi16mm$、$\phi20mm$、$\phi25mm$三种规格的整圆头，使用时可根据管径的不同采用不同的插头，将铝塑管插到整圆器底部，旋转两周后拔出，这样既可以整圆，又可以去除管口的毛刺。

图 F-26　铝塑管剪刀

2. 铝塑管的卡压

铝塑管的卡压与不锈钢管的卡压类似。

3. 铝塑管的折弯

图 F-27　铝塑管整圆器

铝塑管的折弯与不锈钢管的折弯类似，只是铝塑管折弯后的回弹量较大，为$10°\sim15°$，具体可根据实际情况确定。

4. 螺纹连接

本部分的螺纹连接与采暖管道部分的连接类似，可参照执行。

5. 管道安装和管道试压

本部分的管道安装与试压和采暖部分类似，可参照执行。

模块四　地暖系统制作与安装

地暖系统主要用于家庭的地暖供热，属于采暖系统的一个分支，包含铝塑管、分集水器。地暖管道的制作安装，以卡压连接、煨弯为主，重点考查选手对地暖的工作原理、铝塑管卡压连接、铝塑管煨弯、管道安装质量等方面的掌握情况。

地暖管道制作安装所需要的主要工具包括钢直尺、铝塑管剪刀、整圆器、校直机、卡压钳、弯管器和手电钻等。其中，钢直尺用于测量尺寸，铝塑管剪刀用于切断铝塑管，整圆器用于剪切完管道后整圆管口，校直机用于将弯曲的铝塑管校直，卡压钳用于管道与管件的卡压连接，弯管器用于管道的煨弯，手电钻用于管卡安装及管道固定。

地暖管道的主要评分项包括安装尺寸、水平度、垂直度、煨弯角度、煨弯质量、管道连接（以卡压连接为主）、管卡固定、完成度和压力试验等方面。

竞赛中地暖管道如图F-28所示。

地暖管道的制作与冷热水管道类似，可参考执行。

在本题目中，难点在于折弯角度的计算及管道折弯。根据题目中的描述"地暖图形为正五角星、正五边形，关于竖向基准线对称"可以进行精确计算。完成后的地暖管道如图F-29所示。

竞赛试题完成后的效果图如图F-30所示。

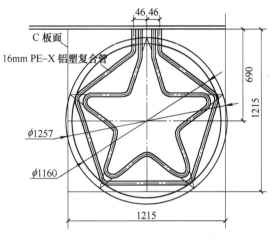

图 F-28　地暖管道

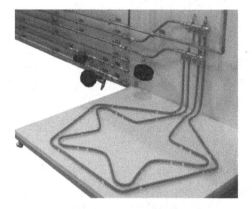

图 F-29　完成后的地暖管道

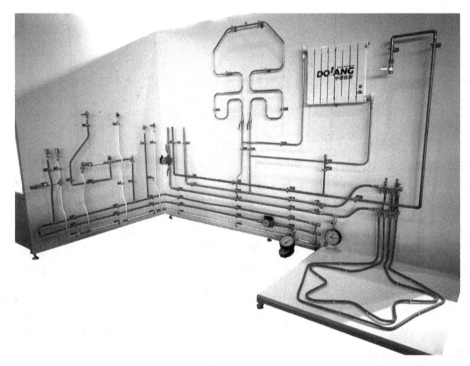

图 F-30　竞赛试题完成后的效果图